# 风电功率预测与消纳策略

韩　丽　张容畅　著

科学出版社
北　京

# 内 容 简 介

风电与生俱来的不确定性和波动性给电网带来了前所未有的冲击，弃风问题一直是困扰风电等可再生能源发展的瓶颈。为了促进风电消纳，本书基于风电特性，针对弃风的技术因素，分别从风电侧和电网侧展开研究。通过提高风电预测精度、加强风电预测误差评估等风电侧技术方法降低风电不确定性的影响；通过将风电预测误差、风电爬坡事件等纳入含风电电网经济调度模型等电网侧技术方法降低风电不确定性和波动性的影响。另外，通过对优化算法的研究，提高复杂经济调度模型的求解能力。

本书可作为高等院校电气工程及其自动化方向和新能源方向本科生、研究生的教学参考书，也可供相关科研和工程技术人员参考。

**图书在版编目(CIP)数据**

风电功率预测与消纳策略/韩丽，张容畅著. —北京：科学出版社，2020.11

ISBN 978-7-03-066450-1

Ⅰ. ①风… Ⅱ. ①韩…②张… Ⅲ.①风力发电-功率-预测②风力发电-供电管理 Ⅳ.①TM614

中国版本图书馆 CIP 数据核字 (2020) 第 202473 号

责任编辑：惠 雪 曾佳佳／责任校对：杨聪敏

责任印制：张 伟／封面设计：许 瑞

科学出版社 出版

北京东黄城根北街 16 号

邮政编码：100717

http://www.sciencep.com

北京九州迅驰传媒文化有限公司印刷

科学出版社发行 各地新华书店经销

*

2020 年 11 月第 一 版 开本：720×1000 1/16

2024 年 5 月第三次印刷 印张：10 1/4

字数：205 000

**定价：99.00 元**

(如有印装质量问题，我社负责调换)

# 前　言

随着能源和环境问题日益严重，风能的开发与利用受到了科研人员和工业界前所未有的重视。从分布式能源、微电网再到综合能源系统、能源互联网，相关的研究持续十数年热度不减，不但在电气学科愈演愈烈，甚至已经深度波及计算机、人工智能等学科领域。

电力系统是一个发、供、用电实时的系统，火电厂、水电站和核电站的发电量均可以精确控制，电网可以根据负荷需求安排各个发电厂的发电量，维持发、供、用电的平衡。风能是不可控的，电网的操作要以预测值为基础，风电预测精度直接影响到电力系统运行的安全水平。另外，“天有不测风云”，再精确的预测方法也会存在预测误差，预测误差带来的威胁随着风电在电网渗透率的提高而被放大。同时风能具有波动性，即使预测准确，其发电量的突升突降也可能会给网内其他电厂的跟随带来困难，出现弃风或切负荷。如何在含风电的电网调度模型中，考虑风电不确定性带来的预测误差问题和波动性问题，并采取合理的风电使用策略，是促进风电消纳的关键途径。

自 2012 年开始，我一直从事风电预测和含风电场电网调度方面的研究，经历并体验了可再生能源研究从初现端倪到炙手可热的过程，取得了一些原创性研究成果。《风电功率预测与消纳策略》一书以此为基础，集中反映近 5 年来的研究成果。在风电预测方面，为了更好地提取特征，数据预处理方法从最初相空间分解发展到变分模态分解 (variational mode decomposition，VMD)，再到卷积神经网络；为了更深入地学习风电信号特征，预测模型从传统的神经网络模型发展到长短记忆网络深度学习模型；为了更准确地描述预测误差，从拟合概率分布函数获取统计误差发展到提取误差特征值获取实时误差。在风电消纳方面，建立的调度模型从仅考虑风电风险成本发展到考虑风电预测误差，再到利用储能系统应对风电爬坡。围绕本领域关键核心难题，不断探索发现，研究新技术、新方法，这些均在书中有所体现。

本书第 1~5 章、第 7 章、第 9 章由本人执笔，第 6 章、第 8 章、第 10 章由我和张容畅执笔。全书由我统稿。在本书的撰写过程中，研究生高志宇、景惠甜、乔妍、夏洪伟、李坤和黄丽莎付出大量努力，特此感谢！

在本书即将出版之际，特别感谢我的博士生导师东南大学徐治皋教授、访学导师美国 Lehigh University 能源研究中心 Romero E. Carlos 教授、博士后导师中国矿业大学王雪松教授的指导和帮助！课题研究先后得到国家自然科学基金青年项目“基于特征值的风电功率预测实时误差评估及使用研究”(61703404)、国家自然科学基金面上项目“基于风热时间特性匹配的电热综合能源系统调度模型与策略研究”(62076243)、中国博士后科学基金“考虑随机能源接入风险的电网协调调度模型与方法”(2016M591956)、中央高校基本科研业务费学科前沿专项“含随机能源电网经济调度模型与方法研究”(2017XKQY032) 的资助，在此对所有资助单位表示衷心的感谢！并感谢所引用文献的作者！

限于作者水平，书中难免存在不妥之处，诚挚地期望广大读者批评指正。

韩　丽

2020 年 7 月 20 日

# 目　　录

# 第1章 绪 论

## 1.1 风电特性对电网的影响

在能源与环境的双重危机下，风力发电量在我国占有的比重越来越大。据行业统计，2019 年，全国风电新增并网装机 2574 万 kW，其中陆上风电新增装机 2376 万 kW、海上风电新增装机 198 万 kW，到 2019 年年底，全国风电累计装机 2.1 亿 kW，其中陆上风电累计装机 2.04 亿 kW、海上风电累计装机 593 万 kW，风电装机占全部发电装机的 10.4%。2019 年风电发电量 4057 亿 kW·h，首次突破 4000 亿 kW·h，占全部发电量的 5.5%，风电已成为我国继煤电、水电之后的第三大电源 [1]。为实现 2020 年和 2030 年非化石能源占一次能源消费比重 15%和 20%的目标，风电承担着主要的任务 [2]。但是，风能与生俱来的波动性和不确定性，给电网的运行带来了风险和困难，主要表现在以下两个方面。

(1) 风电不确定性带来的发、用电不平衡风险。电力系统是一个发、供、用电实时的系统，传统的火电、水电和核电的发电量均可以精确控制，因此电网可以根据用户的需要协调调度各个发电厂的发电量，实现发、用电的平衡。风电场的出力由自然气象条件决定，电网只能根据风电功率预测值调度。“天有不测风云”，风电预测一直是个技术难题，短期预测误差能达到 40%[3]。预测误差会打破发、用电平衡，轻则使供电质量下降，严重时会造成整个电网的崩溃。

(2) 风电波动性给电网带来的运行困难。风电往往表现出较强的波动性，统计表明，运行中的风电在 1 h 内的变化量可占装机容量的 10%～35%，而在 4～12 h 内可能超过 50%[3]。2010 年国家电网的风电运行反调峰比例为 43%，华北地区更是高达 59%。风能的波动性一方面使电网的调度难度加大，另一方面也使网内的调峰机组由于负荷和风能的双重波动而频繁地调整出力，增加了网内其他机组的运行控制难度和成本 [4]。

当风电带来的风险和困难超过电网的承受能力，将使风电不能够被完全消纳，造成弃风。据国家能源局统计 [5]，近几年弃风情况时好时坏，总体呈上升趋势。其中，2016 年弃风情况最为严重，弃风率达 20%。2017~2019 年，弃风率和弃风电量虽有所下降，但仍居较高水平，2019 年新疆、甘肃地区的弃风率更是高达 14%和 7.6%。从折合损失来看，2013~2019 年我国弃风电量累计损失达到 1986 亿 kW·h(三峡、葛洲坝两座水电站在 2019 年的总发电量才可达 1159 亿 kW·h，2019 年江西省全年的全社会用电量是 1535 亿 kW·h)。近 7 年电费损失累计约 1079 亿元，相当于烧掉原煤 8 亿余吨。因此，国家在《风电发展“十三五”规划》中明确了必须有效解决风电消纳问题的首要任务 [2]:“通过加强电网建设、提高调峰能力、优化调度运行等措施，充分挖掘系统消纳风电能力，促进区域内部统筹消纳以及跨省跨区消纳，切实有效解决风电消纳问题。”为了完成这个首要任务，除了合理规划电网结构外，还需要重点研究的内容包括：提高风电功率预测精度，减少发、供电电量不平衡；优化调度运行，为风电预留充足的电量空间；挖掘系统调峰能力，提高系统的灵活性。

## 1.2 风电预测研究现状

按照预测周期长短，风电功率预测可分为：短期预测 (数小时到数天)，其结果能够帮助电网进行合理的经济调度、机组组合操作以及选择合适时机对风机进行维护。中期预测 (数天到数月)，风电预测结果可以帮助风电场做季度发电计划、安排大型检修活动等。长期预测 (数月到数年)，风电预测结果可以评估某地区可能的年均发电量，主要应用于风电场的选址定容。本书主要研究风电功率短期预测，以下简称风电预测。

1. *确定性预测和不确定性预测*

按照预测结果的形式，风电预测分为确定性预测和不确定性预测。不确定性预测有基于概率分布的预测 [6]、基于场景的预测 [7] 以及区间预测 [8]。这些不确定性预测方法最后提供的不是确定的预测点值，而是预测值的概率分布、若干个预测值或者区间。当前的不确定性预测方法给出的预测值范围过大，而且很难预测出风电随机性带来的短时波动。

确定性预测提供未来某个时刻或者某几个时刻的确定的预测值，分为基于物理模型和基于统计模型的预测方法 [9,10]。基于物理模型的预测方法将天气的物理过程概括成一组物理定律，并表达成数学方程组，求解得到风速与风向，从而得到风电功率。该方法预测效果依赖于气象数据，实现较为复杂 [11−13]。基于统计模型的预测方法通过归纳风电历史数据的统计规律，建立实际值与预测值时间序列之间的线性或非线性映射。由于历史数据序列反映了流体、热力、地形地貌等因素的影响，故基于统计观点的外推模型可以回避对物理机理掌握不够的困难 [14,15]。主要有时间序列法 [16]、支持向量机法 [17]、人工神经网络法 [18−21]、贝叶斯法 [22] 和相似日法等 [23]。但是风电功率的特性复杂，这些外推模型对于较长时间距离的时间序列学习能力有限，预测步长越大，预测误差越大。

2. 预测误差评估

风电的不确定性使其很难精确预测，或多或少存在误差。为降低预测误差带来的发供用电不平衡的风险，需要采取多种措施，如备用、储能，甚至能源互联网中的其他能源系统。这样一方面限制风电的大量接入，另一方面加剧了弃风。如果在预测风电功率的同时提供误差范围，使电网运行人员能够根据风电功率预测值及预测误差区间修正调度计划，可降低预测误差带来的风险及运行成本。因此，越来越多的学者开始研究风电功率的预测误差。

首先研究的方法是通过拟合预测误差的概率分布来获得当前的预测误差置信区间。由于风电预测误差分布中存在有偏、重尾、多峰等现象，简单的正态分布不能很好地拟合误差 [24]。因此，柯西分布、$\beta$ 分布、改进 $t$ 分布、分段指数分布、Levy 分布等多种分布模型 [15,25−30] 以及各种组合模型，包括解决多峰性的混合高斯分布 [31] 和混合偏态分布 [32]，考虑不同时段下的误差特征差异的误差时序分布模型 [33] 等均被提出来拟合误差分布。

除了拟合误差概率分布，还有学者采用非参数分布模型来描述预测误差的不确定性。文献 [34] 提出利用分位数回归原理建立短期和超短期预测的不确定性分析模型。文献 [35] 采用核密度方法估计预测误差分布，无须假设具体的分布模型，灵活度高且便于应用，但对窗宽参数采用经验值拟合，精度得不到保证。文献 [36] 利用非参数回归对不同风过程、不同功率水平下的预测误差分布进行拟合。文献 [37] 利用机器学习获取误差范围，文献 [38] 提出了正负误差的问题。

以上这些方法均是基于长期历史数据的统计，拟合出的模型是用来衡量长期过程。即使误差分布拟合结果合理，得到的也是统计意义上的误差值。对于变化复杂的风电系统来说，这种统计结果与实时的误差偏差较大。

## 1.3 基于风电消纳的电网调度模型与策略研究现状

传统的电力系统经济调度通常仅考虑优化火电机组的发电计划，由于火电机组可控性高，制定计划后一般很少出现误差。而当风电接入电力系统后，因其具有随机性、波动性等不确定性特征，难以对其准确预测，导致调度过程误差增大，引起系统有功功率失衡与频率波动，引起弃风量的增加，也加大了系统运行风险。对此，含风电的电力系统经济调度模型一般为应对风电不确定性设置一定容量的旋转备用，即在目标函数中计及风电高估、低估成本，在约束条件中考虑确定性的上、下旋转备用容量的方法，也被称为确定性模型。例如，文献 [39] 考虑了风电出力波动性对经济调度旋转备用的需求，引入了上、下旋转备用约束，并计及阀点效应带来的附加成本；文献 [40] 建立了兼顾环保性和经济性的多目标调度模型，并计及对风电的旋转备用和网络损耗。这类模型均须设置较大容量的确定性备用以确保系统运行安全，方法过于保守，经济性较差。且随着并网规模的日渐增大，难以应对风电大功率的不确定波动，近年来该方法已很少使用。因此，目前含风电的电力系统经济调度模型均为不确定性模型，主要方法有以下几种：

(1) 模糊集理论 (fuzzy theory)。将风电作为模糊变量，通过建立模糊约束或隶属度函数引入调度模型。文献 [41] 对风电和负荷的预测误差进行模糊处理，在约束中计及旋转备用的模糊机会约束条件，建立了考虑柔性负荷的经济调度模型；文献 [42] 将风电和负荷的预测值作为模糊变量，基于可信性理论引入考虑备用容量的模糊机会约束，建立了包含多模糊参数的多时间尺度调度模型；文献 [43] 通过分析风电功率在各预测区间的误差特性拟合分布函数，得到风电出力的模糊隶属度函数，建立了基于模糊机会约束的低碳经济调度模型。此类方法隶属度函数及模糊参数的选择大多依赖于经验，缺乏理论依据的支持。

(2) 鲁棒优化模型 (robust optimization model)。此类模型通常与模糊集理论结合，旨在得到一个满足所有约束并使得最坏场景下的目标函数取得最优的解。文献 [44] 考虑风电的不确定性，提出一种基于相对熵 (也称 Kullback-Leibler 散度) 分布的鲁棒机组组合模型，旨在模糊集约束的最坏风电运行场景下使成本最小化；文献 [45] 考虑风电扰动量的表达，根据鲁棒理论构建风电的不确定集，建立了以低碳和经济为目标的多目标鲁棒模糊调度模型。此类方法所依赖的不确定集通常无法完整包含风电的各种情况和随机特征，故对于风电不确定集外的部分没有较好的处理方法。

(3) 随机规划理论 (stochastic programming)。此方法通常以概率模型表示风电，并将其不确定性以满足一定置信水平的条件下加入调度模型中。文献 [46] 考虑失负荷率、风电损失概率和线路过载率，建立了基于机会约束的两阶段随机机组组合模型，以保证高风电渗透率下的供电可靠性和高风电利用率；文献 [47] 提出一种将风电不确定性引入能源市场的改进随机规划方法，并基于动态决策方法建立两阶段随机机组组合模型；文献 [48] 将机会约束规划与目标规划相结合，提出了一种风险可调的机组组合优化模型。该方法具有较强的主观性，其所依赖的概率模型通常难以客观地描述风电的不确定性，故其系统运行时仍需设置较大备用，否则有较高风险。

(4) 场景分析法 (scenario analysis)。该方法使用抽样方法生成大量包含风电可能出力情况的场景集，经过消减后保留典型化场景并建立调度模型。文献 [49] 提出了一种基于多项式混沌展开的蒙特卡罗抽样方法，并用于风电不确定场景的生成，建立了考虑风电随机过程的经济调度模型；文献 [50] 基于混合高斯分布模型，对应不同预测值，分析了针对多风电场的预测误差条件分布，并通过历史数据验证模型精度；文献 [51] 将随机方法和鲁棒方法结合，考虑可调度风电的场景集，提出一种随机–鲁棒两阶段自适应机组组合模型。该方法中场景的生成和削减工作量较大，所建调度模型变量较多，计算复杂，且所生成的场景并不一定能全面地反映风电的随机变化。

(5) 预测误差分析法 (forecast error analysis)。该方法通常以某种分布模型表示风电或其预测误差，通过拟合或估计手段得到风电功率的取值区间或预测误差区间。文献 [52] 将预测误差视为服从高斯 (Gaussian) 分布，利用分位数回归方法求解风电功率的波动区间，建立了日前和日内调度计划的渐进优化模型；文献 [29] 将风电出力视为服从 $\beta$ 分布，将其概率分布进行拟合，并考虑预测误差发生的概率，建立了考虑补偿费用的经济调度模型；文献 [53] 分析风电出力与预测误差概率分布的关系，以风电功率划分区间，采用柯西 (Cauchy) 分布参数分段拟合预测误差，建立了基于随机相关机会规划的火/储调度模型；文献 [54] 采用预测误差的条件概率模型，利用基于高斯核函数的核密度估计方法得到预测误差的置信区间，并考虑到备用约束中；文献 [55] 将负荷和风电的预测误差视作服从高斯分布，并基于机会约束规划理论建立了考虑碳权交易的环境经济调度模型；文献 [56] 采用高斯分布描述预测误差，建立了考虑需求响应的多时间尺度调度模型；文献 [57] 认为风速近似服从韦布尔 (Weibull) 分布，建立了基于一定置信水平的概率区间优化模型。上述模型采用某种分布函数表示风电的方法具有主观性，风电的不确定性难以用某种确定的分布函数统一描述。因此，利用实际风电场的历史数据对风电功率或其预测误差进行统计和描述是一种客观方法。文献 [58] 通过统计历史数据得到预测误差的概率分布，并以风电场集群指令与实际输出功率差额最小为目标，建立了考虑预测误差分布特性的电力系统有功调度模型；文献 [59] 提出风电功率预测误差的 4 种影响因素，经过数据统计后发现这 4 类数据均与预测误差有不同程度的正相关性，据此建立了误差估计模型，对风电功率的衡量有一定指导意义，但其结果仍有部分时段波动超过估计范围，且用于调度模型时仍需设置较大备用容量。

(6) 电能互补协调法。该方法将风电的不确定性与储能系统 (energy storage system, ESS)[62−67]、电动汽车 (electric vehicle, EV)[68] 或需求侧管理 (demand side management, DSM)[67] 等结合，进行协调互补。文献 [60] 利用区间优化的方法处理风电的不确定性，建立了包含频率动态约束的机组组合模型，利用储能系统灵活地补足电力差额，实现不平衡功率的最小化；文献 [61] 基于模糊集理论，建立了计及储能充放电损耗成本的优化调度模型；文献 [62] 基于风电的概率密度曲线，制定了应对风电不确定性的储能调控范围，建立了以成本和互补程度为目标的两层优化决策模型；文献 [63] 利用基于区间法和 Kantorovich 距离的场景分析法得到风电功率典型场景，建立了在需求侧考虑需求响应、发电侧考虑储能系统的两阶段优化调度模型；文献 [64] 将风电的不确定性表示为基于正态分布的场景集，建立了含储能的两阶段机组组合模型，把弃风量作为松弛变量，利用储能系统降低弃风；文献

[65] 利用蓄电池和超级电容器作为混合储能，基于补偿度、寿命和价格三个方面，利用三维空间法配置混合储能的最优容量，达到应对风电不确定性和补偿预测误差的目的；文献 [66] 利用点估计法和 Nataf 变换表述不确定量，建立了含风电和电动汽车的电力系统环境经济调度模型；文献 [67] 建立了高风渗透下考虑其间歇性和不确定性的动态环境经济调度模型，并与储能系统和需求侧管理结合，分析其对成本、排放和风能利用的影响。这类模型均能不同程度地应对风电的不确定性，但储能系统配置和使用的成本较高，需更加合理地协调利用，电动汽车和需求侧负荷也均具有不确定性和不可控性，协调策略的不足均可能导致不确定性进一步增加。

(7) 能源互联网法。能源互联网作为新一代的能源体系，它的内部包含了多种能量形式之间的转换，如电转热、电转气、电制冷等。各种能量之间具有不同的特点，如电能具有易传输、存储难的特点，热能具有储热容易但传输较难的特点，因此如何合理地使用各种能量，以便发挥其各自的优点是值得研究的。能源互联网可以按照能量流动形式的不同分为电–热联合系统、电–气联合系统、电–冷联合系统、电网–交通网络联合系统。

在电–热联合系统中存在多种能量形式的转换，主要有传统的化石能源转换为热能和电能，新能源转换为热能和电能。在新能源转换为电能的过程中，我国主要表现为风能转换为电能。由于风能的不稳定性和不确定性，如何有效消纳风电进而提高风电的上网率成为目前研究的热点。现在国内外的学者主要通过两个方面来研究如何提高电力系统对风电的消纳能力。第一种方法是通过改进调度策略、优化电力系统的调度模型以促进风电消纳。风电具有反调性，在供热高的时段用户的用电量小，就导致了风电的上网率比较低，文献 [68,69] 提出利用热网特性消纳弃风，并且通过改进的热电联合调度策略来提高整个系统对风电的消纳能力。在我国“三北”地区，热电联产机组需要兼顾供电和供热的需求，导致了热电耦合现象，以热定电方式会使弃风率加大。因此如何实现热电解耦是个很重要的问题，文献 [70] 通过配置储热装置可以有效实现热电解耦。文献 [71,72] 研究了考虑储热特性的电–热联合系统的优化调度模型。第二种方法是在电力系统中加装储能装置来提高电力系统对风电的消纳能力。文献 [73] 提出了一种在二级热网中加入储热式电锅炉的储热方式，构建了基于二级热网储热式电锅炉日调峰的热–电联合系统调度模型，结果表明对比普通的储热式电锅炉模型，该模型可以有效提高整个电力系统对风电的消纳能力。文献 [74] 研究了储热装置的热特性对电–热联合系统综合调度的模型的影响，结果表明提高储热装置的热特性和隔热特性可以不同程度上提高电力系统对风电的消纳能力，降低整个系统的运行成本，为电–热联合系统的调度模型的建立提供依据。文献 [75] 指出以热定电方式会导致电力系统的灵活性大大下降，产生弃风现象，为此建立了利用热网与建筑物储热来解耦机组电热耦合运行约束的方案。该方案利用建筑物和热网的储热能力提高系统的调峰能力，降低整个系统的运行水平。文献 [76] 探讨了热电厂中加入蓄热罐对改善电力系统对风电的消纳能力的作用，提出了基于双线性模型的调度策略，用来协调热电联产机组和蓄热罐的运行。通过运用弃风率和成本增长率两个重要指标来调节电出力，进而调节整个电力系统中的风电的上网率，同时可以降低运行成本。

电–气联合系统也是提高电力系统对风电消纳能力的一个重要措施，随着电转气技术的日益成熟，电–气网络之间的联系也日益密切。文献 [77] 提出了考虑可靠性指标和随机因素的电转气的优化模型，并且考虑了对于电转气整个系统的可靠性评估的方法。相较于传统方法，该方法考虑了系统弃风和电转气装置运行特性。文献 [78] 将电转气与热电联产机组相结合，建立了热电联产机组微网电/热储能系统配置与运行结合的双层优化模型。文献 [79] 介绍了电转气的过程，提出了一种削峰填谷的模型，该模型通过电转气的作用平滑了负荷曲线，并使得系统的经济性大大提高。近年来，天然气成为能源互联网体系中重要的一部分，合理地利用天然气成为一个重要的研究课题，文献 [80] 建立了电力–天然气联合系统的调度模型，通过优化调度模型实现电力–天然气网络的合理运行。文献 [81] 论述了随着电力系统中越来越多的新能源加入，新能源的不确定性对电–气联合系统的稳定性造成的影响。该文献中建立了考虑新能源不稳定出力的电–气联合系统调度模型，验证了惯性大的气网可以平抑电网功率波动。

目前在我国能源互联网内部的能量流动除了电热、电气之间的转换外，还有电冷之间的转换。电制冷技术成为一种重要的消纳新能源的途径。文献 [82] 指出如何协调冷热电负荷之间的关系是目前研究的重点，文章建立了冷热电气多能互补的调度模型，通过优化调度模型来实现各种冷热电气负荷之间的最优化运行。为了使得电力系统中冷、热、电、气之间运行的收益最大化，文献 [83] 提出通过配置蓄冷、储热、储电等装置可以获得较大的收益。

随着电动车技术的日益成熟，电动车在人们生产生活中的使用率大幅度提高，将电动车和电网智能结合起来是解决新能源消纳问题的一个重要途径。文献 [84] 提出电动车可以作为电力系统的备用资源，可以根据负荷的要求对电动车的电池进行充放电。文献 [85] 指出电力系统中大规模接入电动车将会对电网造成谐波污染，因此电动车的接入容量、位置、接入的方式是一个研究重点。文献 [86] 根据负荷预测的结果对电动汽车的充电设施的位置选取进行了研究。文献 [87,88] 针对电动汽车加入电网情况，为了使各种能量之间可以更加高效地使用进行了建模分析，对电力系统的调度策略进行了优化。

## 1.4 调度模型优化求解方法研究现状

电力系统经济调度模型一般以成本最低为目标，考虑功率平衡、机组出力范围、机组爬坡率等约束，建立的模型具有各时段互相耦合、变量和约束众多、含非线性项等特征。尤其在风电接入电力系统后，因其为不确定性变量，对其所建立的模型常含有积分项，或有变量增多、约束增多且更为复杂等特点。因此，对于约束复杂且维数较高的经济调度问题，如何在保证计算速度且满足所有约束的条件下寻找到更经济、更安全的调度方案一直是研究者要探索的问题。为此，相关学者提出了各种优化算法。

(1) 遗传算法 (genetic algorithm, GA) 的改进。文献 [89,90] 引入精英策略，扩大了 GA 采样空间，提出基于多目标优化的带精英策略的非支配排序遗传算法，使种群更具多样性，但步骤烦琐，计算时间长；文献 [91] 提出一种实数编码遗传算法，解决了二进制编码遗传算法在处理高维连续搜索空间和高精度计算方面表现不足的问题，降低了算法实现的复杂度，提高了算法效率。但交叉和变异算子的确定通常依赖于经验，参数选择困难。

(2) 粒子群算法的改进。文献 [92] 加入了下降搜索算子，提出一种基于下降搜索的粒子群算法，以提高算法的收敛速度和精度，但算法较易陷入局部最优解；文献 [93] 结合迭代和进化的思想，提出一种进化迭代粒子群算法，提高了计算效率，解决了粒子群算法较容易陷入局部最优的问题。

(3) 细菌觅食算法的改进。文献 [94] 提出改进的细菌觅食算法，克服了传统细菌觅食算法收敛速度慢、依赖细菌数量等问题；文献 [95,96] 将全局搜索能力强的细菌觅食算法与局部搜索能力强的粒子群算法相结合，分别提出了改进的细菌觅食算法和基于梯度粒子群优化的细菌觅食算法，用于经济调度模型的求解，综合了两种算法的优点。但结合后的算法复杂度高，计算时间较长。

(4) 差分进化算法的改进。文献 [97] 加入自适应随机初始化进化算子的思想，提出一种改进的自适应多目标差分进化算法以增强全局搜索能力，避免过早收敛；文献 [40] 提出一种基于分解和带约束处理的多目标改进差分算法，能够在处理复杂约束的同时保证较好的优化结果。

(5) 径向移动算法的改进。文献 [98] 提出了径向移动算法，它模拟的是一群由中心点喷洒的粒子随着中心点的移动而不断喷洒并逐步向最优解逼近的过程，该算法具有精度高、速度快的优点，然而高精度的搜索会导致算法搜索范围变小，易使其陷入局部最优解。文献 [99,100] 通过调整径向移动算法的数据结构提出了改进方法，增强粒子的自反馈能力，解决了其搜索结果不稳定的现象，并将其用于边坡稳定性分析。但没有考虑惯性权重等参数的变化对算法搜索能力的影响，也没有与其他优化算法的优点结合以进行算法性能的提高，且此算法在经济调度模型的优化求解领域还未有应用。

## 1.5 本书工作

本书包含 10 章，分为风电预测、风电消纳调度模型及优化算法两大部分，第一部分是第 2～5 章，包括风电预测方法、风电预测误差评估。第二部分是第 6～10 章，包括基于误差风险的调度方法、基于预测误差的滚动调度方法、基于爬坡的调度方法及优化算法。

## 参考文献

[1] GWEC. Global Wind Report 2018. https://gwec.net/global-wind-report-2018/, [2020-06-06].

[2] 中华人民共和国国家发展和改革委员会. 风电发展“十三五”规划. https://www.ndrc.gov.cn/fggz/fzzlgh/gjjzxgh/201708/t20170809_1196878.html, [2020-06-06].

[3] 薛禹胜, 雷兴, 薛峰, 等. 关于风电不确定性对电力系统影响的评述. 中国电机工程学报, 2014, 34(29): 5029-5040.

[4] 黄杨, 胡伟, 闵勇, 等. 计及风险备用的大规模风储联合系统广域协调调度. 电力系统自动化, 2014, 38(9): 41-47.

[5] 国家能源局. 2018 年风电并网运行情况. http://www.nea.gov.cn/2019-01/28/c_137780779.htm, [2020-06-06].

[6] Byon E. Wind turbine operations and maintenance: A tractable approximation of dynamic decision making. Institute of Industrial Engineers Transactions, 2013, 45(11): 1188-1201.

[7] Xu J, Yi X K, Sun Y Z, et al. Stochastic optimal scheduling based on scenario analysis for wind farms. Institute of Electrical and Electronics Engineers Transactions on Sustainable Energy, 2017, 8(4): 1548-1559.

[8] 李智, 韩学山, 杨明, 等. 基于分位点回归的风电功率波动区间分析. 电力系统自动化, 2011, 35(3): 83-87.

[9] Tascikaraoglu A, Uzunoglu M. A review of combined approaches for prediction of short-term wind speed and power. Renewable and Sustainable Energy Reviews, 2014, 34: 243-254.

[10] 钱政, 裴岩, 曹利宵, 等. 风电功率预测方法综述. 高电压技术, 2016, 42(4): 1047-1060.

[11] 冯双磊, 王伟胜, 刘纯, 等. 基于物理原理的风电场短期风速预测研究. 太阳能学报, 2011, 32(5): 611-616.

[12] 冯双磊, 王伟胜, 刘纯, 等. 风电场功率预测物理方法研究. 中国电机工程学报, 2010, 30(2): 1-6.

[13] Li L, Liu Y Q, Yang Y P, et al. A physical approach of the short-term wind power prediction based on CFD pre-calculated flow fields. Journal of Hydrodynamics, 2013,

25(1): 56-61.

[14] Landberg L. Short-term prediction of local wind conditions. Journal of Wind Engineering & Industrial Aerodynamics, 2001, 89(3): 235-245.

[15] 薛禹胜, 郁琛, 赵俊华, 等. 关于短期及超短期风电功率预测的评述. 电力系统自动化, 2015, 39(6): 141-151.

[16] Liu H, Tian H Q, Li Y F. Comparison of two new ARIMA-ANN and ARIMA-Kalman hybrid methods for wind speed prediction. Applied Energy, 2012, 98: 415-424.

[17] Salcedo-Sanz S, Ortiz-García E G, Pérez-Bellido Á M, et al. Short term wind speed prediction based on evolutionary support vector regression algorithms. Expert Systems with Applications, 2010, 38(4): 4052-4057.

[18] Chang G W, Lu H J, Chang Y R, et al. An improved neural network-based approach for short-term wind speed and power forecast. Renewable Energy, 2017, 105: 301-311.

[19] Naik G, Dash S, Dash P K, et al. Short term wind power forecasting using hybrid variational mode decomposition and multi-kernel regularized pseudo inverse neural network. Renewable Energy, 2018, 118: 180-212.

[20] Liu J Q, Wang X R, Lu Y. A novel hybrid methodology for short-term wind power forecasting based on adaptive neuro-fuzzy inference system. Renewable Energy, 2017, 103: 620-629.

[21] Leng H, Li X R, Zhu J R, et al. A new wind power prediction method based on ridgelet transforms, hybrid feature selection and closed-loop forecasting. Advanced Engineering Informatics, 2018, 36: 20-30.

[22] Wang Y, Hu Q H, Meng D Y. Deterministic and probabilistic wind power forecasting using a variational Bayesian-based adaptive robust multi-kernel regression model. Applied Energy, 2017, 208: 1097-1112.

[23] Sun G P, Jiang C W, Cheng P. Short-term wind power forecasts by a synthetical similar time series data mining method. Renewable Energy, 2018, 115: 575-584.

[24] Tsikalakis A G, Katsigiannis Y A, Georgilakis P S, et al. Determining and exploiting the distribution function of wind power forecasting error for the economic operation of autonomous power systems. Power Engineering Society General Meeting. Institute of Electrical and Electronics Engineers, 2006: 1-8.

[25] 刘芳, 潘毅, 刘辉, 等. 风电功率预测误差分段指数分布模型. 电力系统自动化, 2013, 37(18): 14-19.

[26] 杨宏, 苑津莎, 张铁峰. 一种基于 Beta 分布的风电功率预测误差最小概率区间的模型和算法. 中国电机工程学报, 2015, 35(9): 2135-2142.

[27] 刘立阳, 吴军基, 孟绍良. 短期风电功率预测误差分布研究. 电力系统保护与控制, 2013, 41(12): 65-70.

[28] Hodge B M S, Ela E G, Milligan M. Characterizing and modeling wind power forecast errors from operational systems for use in wind integration planning studies. Wind

Engineering, 2012, 36(5): 509-524.

[29] 吴栋梁, 王扬, 郭创新, 等. 电力市场环境下考虑风电预测误差的经济调度模型. 电力系统自动化, 2012, 36(6): 23-28.

[30] Bruninx K, Delarue E. A statistical description of the error on wind power forecasts for probabilistic reserve sizing. Institute of Electrical and Electronics Engineers Transactions on Sustainable Energy, 2014, 5(3): 995-1002.

[31] 杨茂, 董骏. 基于混合高斯分布的风电功率实时预测误差分析. 太阳能学报, 2016, 37(6): 1594-1602.

[32] 刘燕华, 李伟花, 刘冲, 等. 短期风电功率预测误差的混合偏态分布模型. 中国电机工程学报, 2015, 35(10): 2375-2382.

[33] 王成福, 王昭卿, 孙宏斌, 等. 考虑预测误差时序分布特性的含风电机组组合模型. 中国电机工程学报, 2016, 36(15): 4081-4090.

[34] 阎洁, 刘永前, 韩爽, 等. 分位数回归在风电功率预测不确定性分析中的应用. 太阳能学报, 2013, 34(12): 2101-2107.

[35] Taylor J W, Jeon J. Forecasting wind power quantiles using conditional kernel estimation. Renewable Energy, 2015, 80: 370-379.

[36] 王铮, 王伟胜, 刘纯, 等. 基于风过程方法的风电功率预测结果不确定性估计. 电网技术, 2013, 37(1): 242-247.

[37] Zhang Y C, Liu K P, Qin L, et al. Deterministic and probabilistic interval prediction for short-term wind power generation based on variational mode decomposition and machine learning methods. Energy Conversion and Management, 2016, 112: 208-219.

[38] 郁琛, 薛禹胜, 文福拴, 等. 风电功率预测误差的风险评估. 电力系统自动化, 2015, 39(7): 52-58.

[39] 周玮, 彭昱, 孙辉, 等. 含风电场的电力系统动态经济调度. 中国电机工程学报, 2009, 29(25): 13-18.

[40] 朱永胜, 王杰, 瞿博阳, 等. 含风电场的多目标动态环境经济调度. 电网技术, 2015, 39(5): 1315-1322.

[41] 张晓辉, 江静, 李茂林, 等. 考虑柔性负荷响应的含风电场电力系统多目标经济调度. 电力系统自动化, 2017, 41(11): 61-67.

[42] 翟俊义, 任建文, 周明, 等. 含风电电力系统的多时间尺度模糊机会约束动态经济调度模型. 电网技术, 2016, 40(4): 1094-1099.

[43] 刘文学, 梁军, 贠志皓, 等. 考虑节能减排的多目标模糊机会约束动态经济调度. 电工技术学报, 2016, 31(1): 62-70.

[44] Xiong P, Jirutitijaroen P, Singh C. A distributionally robust optimization model for unit commitment considering uncertain wind power generation. Institute of Electrical and Electronics Engineers Transactions on Power Systems, 2016, 32(1): 39-49.

[45] 张晓辉, 赵翠妹, 梁军雪, 等. 考虑发用电双侧不确定性的电力系统鲁棒模糊经济调度. 电力系统自动化, 2018, 42(17): 67-78.

[46] Wang Q, Guan Y, Wang J. A chance-constrained two-stage stochastic program for unit commitment with uncertain wind power output. Institute of Electrical and Electronics Engineers Transactions on Power Systems, 2012, 27(1): 206-215.

[47] Uçkun C, Botterud A, Birge J R. An improved stochastic unit commitment formulation to accommodate wind uncertainty. Institute of Electrical and Electronics Engineers Transactions on Power Systems, 2016, 31(4): 2507-2517.

[48] Wang Y, Zhao S Q, Zhou Z, et al. Risk adjustable day ahead unit commitment with wind power based on chance constrained goal programming. Institute of Electrical and Electronics Engineers Transactions on Sustainable Energy, 2017, 8(2): 530-541.

[49] Safta C, Chen R L Y, Najm H N, et al. Efficient uncertainty quantification in stochastic economic dispatch. Institute of Electrical and Electronics Engineers Transactions on Power Systems, 2017, 32(4): 2535-2546.

[50] Wang Z W, Shen C, Liu F. A conditional model of wind power forecast errors and its application in scenario generation. Applied Energy, 2018, 212: 771-785.

[51] Morales-España G, Lorca Á, Weerdt M M D. Robust unit commitment with dispatchable wind power. Electric Power Systems Research, 2018, 155: 58-66.

[52] 王洪涛, 何成明, 房光华, 等. 计及风电预测误差带的调度计划渐进优化模型. 电力系统自动化, 2011, 35(22): 131-135.

[53] 赵书强, 王扬, 徐岩. 基于风电预测误差随机性的火储联合相关机会规划调度. 中国电机工程学报, 2014, 34(S1): 9-16.

[54] 刘立阳, 孟绍良, 吴军基. 基于风电预测误差区间的动态经济调度. 电力自动化设备, 2016, 36(9): 87-93.

[55] 马燕峰, 范振亚, 刘伟东, 等. 考虑碳权交易和风荷预测误差随机性的环境经济调度. 电网技术, 2016, 40(2): 412-418.

[56] 李春燕, 陈骁, 张鹏, 等. 计及风电功率预测误差的需求响应多时间尺度优化调度. 电网技术, 2018, 42(2): 487-494.

[57] 陈佳佳, 赵艳雷, 亓宝霞, 等. 计及风电预测误差的电力系统风险规避评估模型. 电力系统自动化, 2019, 43(3): 163-169.

[58] 汤奕, 王琦, 陈宁, 等. 考虑预测误差分布特性的风电场集群调度方法. 中国电机工程学报, 2013, 33(25): 27-32.

[59] 张凯锋, 杨国强, 陈汉一, 等. 基于数据特征提取的风电功率预测误差估计方法. 电力系统自动化, 2014, 38(16): 22-27.

[60] Wen Y F, Li W Y, Huang G, et al. Frequency dynamics constrained unit commitment with battery energy storage. Institute of Electrical and Electronics Engineers Transactions on Power Systems, 2016, 31(6): 5115-5125.

[61] 张新松, 袁越, 曹阳. 考虑损耗成本的电池储能电站建模及优化调度. 电网技术, 2017, 41(5): 1541-1548.

[62] 李本新, 韩学山, 刘国静, 等. 风电与储能系统互补下的火电机组组合. 电力自动化设备, 2017, 37(7): 32-37.

[63] 鞠立伟, 于超, 谭忠富. 计及需求响应的风电储能两阶段调度优化模型及求解算法. 电网技术, 2015, 39(5): 1287-1293.

[64] 高红均, 刘俊勇, 魏震波, 等. 考虑风储一体的多场景两阶段调度决策模型. 电力自动化设备, 2014, 34(1): 135-140.

[65] 石涛, 张斌, 晁勤, 等. 兼顾平抑风电波动和补偿预测误差的混合储能容量经济配比与优化控制. 电网技术, 2016, 40(2): 477-483.

[66] Andervazh M R, Javadi S. Emission-economic dispatch of thermal power generation units in the presence of hybrid electric vehicles and correlated wind power plants. IET Generation, Transmission & Distribution, 2017, 11(9): 2232-2243.

[67] Alham M H, Elshahed M, Ibrahim D K, et al. A dynamic economic emission dispatch considering wind power uncertainty incorporating energy storage system and demand side management. Renewable Energy, 2016, 96: 800-811.

[68] 仪忠凯, 李志民. 计及热网储热和供热区域热惯性的热电联合调度策略. 电网技术, 2018, 42(5): 1378-1384.

[69] 林俐, 顾嘉, 王钤. 面向风电消纳的考虑热网特性及热舒适度弹性的电热联合优化调度. 电网技术, 2019, 43(10): 3648-3661.

[70] 袁桂丽, 王琳博, 王宝源. 基于虚拟电厂“热电解耦”的负荷优化调度及经济效益分析. 中国电机工程学报, 2017, 37(17): 4974-4985.

[71] 戴远航, 陈磊, 闵勇, 等. 风电场与含储热的热电联产联合运行的优化调度. 中国电机工程学报, 2017, 37(12): 3470-3479.

[72] 张磊, 罗毅, 罗恒恒, 等. 基于集中供热系统储热特性的热电联产机组多时间尺度灵活性协调调度. 中国电机工程学报, 2018, 38(4): 985-998.

[73] 郭丰慧, 胡林献, 周升彧. 基于二级热网储热式电锅炉调峰的弃风消纳调度模型. 电力系统自动化, 2018, 42(19): 50-59.

[74] 郝俊红, 陈群, 葛维春, 等. 热特性对含储热电–热联供系统的综合调度影响. 中国电机工程学报, 2019, 39(9): 2681-2689.

[75] 李平, 赵适宜, 金世军, 等. 基于热网与建筑物储热解耦的调峰能力提升方案. 电力系统自动化, 2018, 42(13): 20-28.

[76] 于炎娟, 陈红坤, 姜欣, 等. 促进风电消纳的蓄热罐运行策略. 电力系统自动化, 2017, 41(7): 37-43.

[77] 余娟, 马梦楠, 郭林, 等. 含电转气的电–气互联系统可靠性评估. 中国电机工程学报, 2018, 38(3): 708-715.

[78] 赵冬梅, 夏轩, 陶然. 含电转气的热电联产微网电/热综合储能优化配置. 电力系统自动化, 2019, 43(17): 46-61.

[79] 卫志农, 张思德, 孙国强, 等. 计及电转气的电–气互联综合能源系统削峰填谷研究. 中国电机工程学报, 2017, 37(16): 4601-4609.

[80] 王伟亮, 王丹, 贾宏杰, 等. 考虑运行约束的区域电力–天然气–热力综合能源系统能量流优化分析. 中国电机工程学报, 2017, 37(24): 7108-7120.

[81] 王静, 徐箭, 廖思阳, 等. 计及新能源出力不确定性的电气综合能源系统协同优化. 电力系统自动化, 2019, 43(15): 2-15.

[82] 钟永洁, 孙永辉, 谢东亮, 等. 含电–热–气–冷子系统的区域综合能源系统多场景优化调度. 电力系统自动化, 2019, 43(12): 76-96.

[83] 熊文, 刘育权, 苏万煌, 等. 考虑多能互补的区域综合能源系统多种储能优化配置. 电力自动化设备, 2019, 39(1): 118-126.

[84] 吴巨爱, 薛禹胜, 谢东亮, 等. 电动汽车参与运行备用的能力评估及其仿真分析. 电力系统自动化, 2018, 42(13): 101-107.

[85] 原凯, 宋毅, 李敬如, 等. 分布式电源与电动汽车接入的谐波特征研究. 中国电机工程学报, 2018, 38(S1): 53-57.

[86] 何晨可, 韦钢, 朱兰, 等. 电动汽车充换放储一体化电站选址定容. 中国电机工程学报, 2019, 39(2): 479-489.

[87] 张亚朋, 穆云飞, 贾宏杰, 等. 电动汽车虚拟电厂的多时间尺度响应能力评估模型. 电力系统自动化, 2019, 43(12): 94-110.

[88] 葛晓琳, 郝广东, 夏澍, 等. 考虑规模化电动汽车与风电接入的随机解耦协同调度. 电力系统自动化, 2020, 44(4): 54-65.

[89] Basu M. Dynamic economic emission dispatch using nondominated sorting genetic algorithm-II. International Journal of Electrical Power and Energy Systems, 2007, 30(2): 140-149.

[90] Basu M. Fuel constrained economic emission dispatch using nondominated sorting genetic algorithm-II. Energy, 2014, 78: 649-664.

[91] Damousis I G, Bakirtzis A G, Dokopoulos P S. Network-constrained economic dispatch using real-coded genetic algorithm. Institute of Electrical and Electronics Engineers Transactions on Power Systems, 2002, 18(1): 198-205.

[92] 陈海焱, 陈金富, 段献忠. 含风电场电力系统经济调度的模糊建模及优化算法. 电力系统自动化, 2006, 30(2): 22-26.

[93] Lee T Y. Optimal spinning reserve for a wind-thermal power system using EIPSO. Institute of Electrical and Electronics Engineers Transactions on Power Systems, 2007, 22(4): 1612-1621.

[94] Pandit N, Tripathi A, Tapaswi S, et al. An improved bacterial foraging algorithm for combined static/dynamic environmental economic dispatch. Applied Soft Computing Journal, 2012, 12(11): 3500-3513.

[95] Chen H H, Zhang R F, Li G Q, et al. Economic dispatch of wind integrated power systems with energy storage considering composite operating costs. IET Generation, Transmission & Distribution, 2016, 10(5): 1294-1303.

[96] Xiong X P, Wu W L, Li N, et al. Risk-based multi-objective optimization of distributed generation based on GPSO-BFA algorithm. Institute of Electrical and Electronics Engineers Access, 2019, 7: 30563-30572.

[97] Jiang X W, Zhou J Z, Wang H, et al. Dynamic environmental economic dispatch using multiobjective differential evolution algorithm with expanded double selection and adaptive random restart. International Journal of Electrical Power and Energy Systems, 2013, 49: 399-407.

[98] Rahmani R, Yusof R. A new simple, fast and efficient algorithm for global optimization over continuous search-space problems: Radial Movement Optimization. Applied Mathematics and Computation, 2014, 248: 287-300.

[99] 潘卓夫, 金亮星, 陈文胜. 边坡稳定性分析改进的径向移动算法研究. 岩土力学, 2016, 37(7): 2079-2084.

[100] 金亮星, 冯琦璇, 潘卓夫. 基于 Morgenstern-Price 法和改进径向移动算法的边坡稳定性分析. 中国公路学报, 2018, 31(2): 39-47.

# 第2章　基于主成分相空间重构的风电功率预测

## 2.1　引　　言

风电功率时间序列是风电系统的外在行为表现，包含了系统特征，因此通过研究时间序列可把握系统的本质，从而实现预测，这也是统计模型能够预测风电功率的原因所在 [1,2]。风电不仅有确定性，也有随机性，是一种混沌时间序列。混沌理论中的相空间重构方法可将一维时间序列扩展到高维相空间，将在一维空间中不能识别的系统特征，转换成可以在高维相空间中识别的特征，以此特征值作为预测模型输入，为风电功率预测提供了新途径 [3]。相空间重构方法中，重构结果是否正确取决于延迟时间和嵌入维数的选取 [4−8]。如果取值不合理，一方面不能真正提取出风电系统特性的特征值，将降低预测模型的准确度；另一方面增加了预测模型的输入向量的数量，使预测模型规模过大，造成运算时间的增加和预测误差的提高。

本章提出一种基于主成分相空间重构 (phase space reconstruction，PSR) 的风电功率预测方法。首先对风电功率原始数据进行相空间重构，然后使用主成分分析 (principal component analysis，PCA) 方法对重构后相空间进行分析与约简，降低延迟时间和嵌入维数选择不当的影响。构建基于资源分配网络 (resource allocating network，RAN) 的预测模型，建立风电功率历史数据和预测值之间的非线性映射关系。最后采用美国国家可再生能源实验室 (National Renewable Energy Laboratory，NREL) 的数据，分析验证本章所提出方法的性能。

## 2.2　相空间重构法基本原理

相空间重构方法从观测量中重构动力系统，根据 Takens[4] 和 Packard 等 [5]，系统的相空间可以用观察到的 $x(i)$ 的信号表示，其中 $i=1,2,\cdots,N$。时间序列 $x(i)$ 可以在多维相空间中重构，如式 (2-1) 所示：

$$X(t)=(x(t),x(t+\tau),\cdots,x(t+(m-1)\tau)) \tag{2-1}$$

式中，$X(t)$ 是重构后的信号；$t$ 是时刻点，取 $1,2,\cdots,N-(m-1)\tau$；$\tau$ 是延迟时间；$m$ 是嵌入维数。

在重构混沌时间序列相空间时，延迟时间 $\tau$ 与嵌入维数 $m$ 十分关键，选取不恰当会导致重构误差。以 M-G 混沌时间序列为例，加入噪声前后的 M-G 时间序列如图 2-1 和图 2-2 所示。从图 2-1 和图 2-2 可以看出，当信号中包含较多噪声时，如果延迟时间 $\tau$ 的取值过大，则信号中包含的许多高频信息将无法被提取出来。另外，如果 $m$ 取值过大，则重构系统有多余的维度；如果 $m$ 较小，则重构系统无法表示真实的系统。

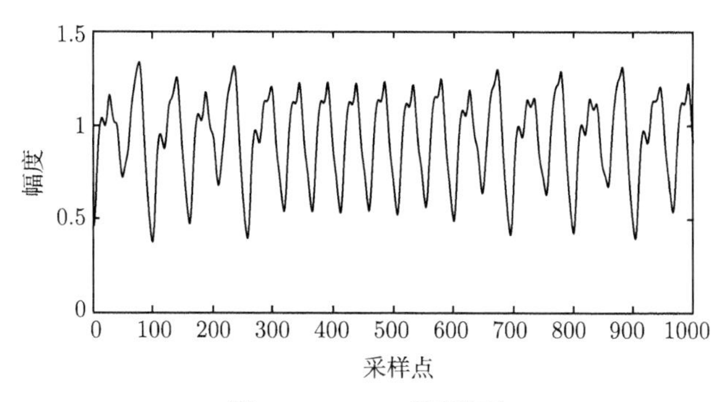


图 2-1 M-G 时间序列

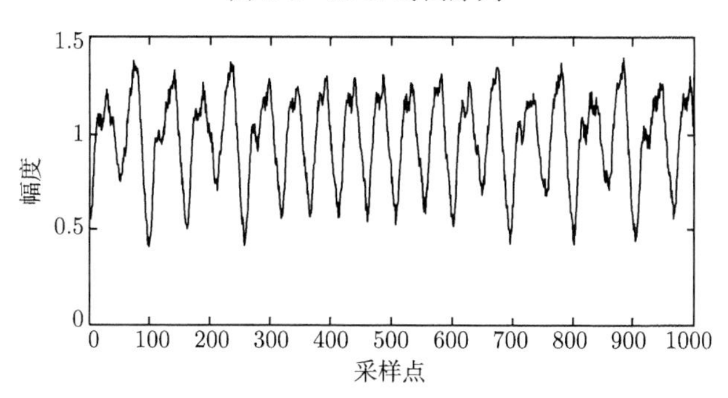


图 2-2 含噪声的 M-G 时间序列

延迟时间 $\tau$ 与嵌入维数 $m$ 常用基于主观和基于经验方法的选择方法，例如 C-C 方法 [7] 和时间窗长度方法 [8]，但到目前为止，仍然没有一种判断 $\tau$ 和 $m$ 选择是否合理的方法。鉴于此，本章采用主成分分析方法 (PCA) 对相空间重构后的数据进行处理，以降低 $\tau$ 和 $m$ 选择不合适对系统重构的影响。

## 2.3 基于主成分分析的风电功率相空间重构

相空间重构后的系统可用公式 (2-2) 表示：

$$\boldsymbol{X}=\begin{pmatrix} x_1, x_{1+\tau}, \cdots, x_{1+(m-1)\tau} \\ x_2, x_{2+\tau}, \cdots, x_{2+(m-1)\tau} \\ \vdots \\ x_{N-(m-1)\tau}, x_{N-m\tau}, \cdots, x_N \end{pmatrix} \tag{2-2}$$

式中，$\boldsymbol{X} \in \boldsymbol{R}^{(N-(m-1)\tau-1)\times m}$，$\boldsymbol{X}$ 可视为 $m$ 维、$N-(m-1)\tau$ 个样本的原始信号，本章中是风电功率信号。

PCA 可以将这个经过相空间重构后的“原始”信号映射到新的多维空间，并通过找到信号的主要成分来降低噪声和冗余，消除 $\tau$ 和 $m$ 选择不恰当带来的影响，具体过程如下。

相空间重构后 $\boldsymbol{X}$ 的协方差矩阵如公式 (2-3) 所示：

$$\operatorname{cov}(\boldsymbol{X}) = \begin{pmatrix} \operatorname{cov}(x_{11}) & \operatorname{cov}(x_{12}) & \cdots & \operatorname{cov}(x_{1m}) \\ \operatorname{cov}(x_{21}) & \operatorname{cov}(x_{22}) & \cdots & \operatorname{cov}(x_{2m}) \\ \vdots & \vdots & & \vdots \\ \operatorname{cov}(x_{m1}) & \operatorname{cov}(x_{m2}) & \cdots & \operatorname{cov}(x_{mm}) \end{pmatrix} \tag{2-3}$$

在协方差矩阵 $\operatorname{cov}(\boldsymbol{X})$ 中，对角线上的 $\operatorname{cov}(x_{ii})$ 是每个维度自身的方差，$\operatorname{cov}(x_{ij})$ $(i \neq j)$ 是 $i$ 维和 $j$ 维的协方差。根据信号处理理论，信号具有比噪声更大的方差。如果 $\tau$ 的选值过大，则噪声包含在相空间中，$\operatorname{cov}(x_{ii})$ 将较小。如果 $m$ 选值过大，说明重构维度冗余，$\operatorname{cov}(x_{ii})$ 将较大。因此，协方差矩阵可作为评估 $\tau$ 和 $m$ 选择是否合理的有效工具。

为了降低噪声和冗余，应尽量使信号协方差矩阵的 $\operatorname{cov}(x_{ii})$ 大，同时 $\operatorname{cov}(x_{ij})$ 小。如何同时实现这两个目标？PCA 具有消噪降维功能，可同时完成这两个目标。利用 PCA 将协方差矩阵映射到高维空间，获取特征值和映射矩阵，具体过程见文献 [9,10]。然后删除最小特征值，得到一个新的特征值向量。相空间矩阵乘以这个新特征值矩阵后即为消噪降维后的风电功率相空间重构信号。步骤如下：

步骤 1　对风电功率信号使用 C-C 方法重构相空间，得到 $\boldsymbol{X} \in \boldsymbol{R}^{(N-(m-1)\tau-1)\times m}$。

步骤 2　计算 $\operatorname{cov}(\boldsymbol{X})$。如果 $\operatorname{cov}(x_{ii})$ 较大且 $\operatorname{cov}(x_{ij})$ 比设定值小，结束。否则进行步骤 3。

步骤 3　计算 $\operatorname{cov}(\boldsymbol{X})$ 的特征值 $\lambda \in \boldsymbol{R}^m$，特征向量 $\boldsymbol{P} \in \boldsymbol{R}^{m\times m}$。

步骤 4　删除数值位于后 15%的特征值，得到新的特征向量为 $\boldsymbol{P}' \in \boldsymbol{R}^{m\times e}(e < m)$。

步骤 5　计算 $\boldsymbol{X} \cdot \boldsymbol{P}'$，获得新的向量空间 $\boldsymbol{X}' \in \boldsymbol{R}^{(N-(m-1)\tau-1)\times e}$。

$\boldsymbol{X}'$ 即为经过相空间重构和主成分分析预处理的风电功率数据。

## 2.4　风电功率预测模型结构

风电功率预测模型可以用非线性映射工具搭建。RAN 可在线训练并调整和优化其结构，因此被用来构建预测模型，其结构如图 2-3 所示。RAN 的具体实现方法参考文献 [11]。

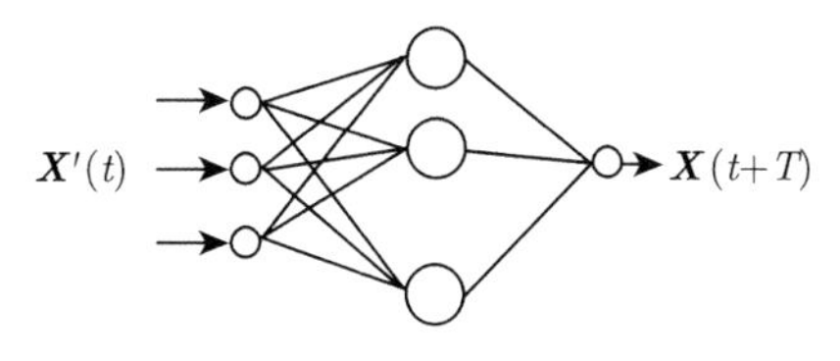


图 2-3 RAN 结构

在风电功率预测中使用时，RAN 的输入是经过预处理后的风电功率数据，即上一节得到的 $\boldsymbol{X}'$，输出是风电功率预测值，$T$ 是预测步长。

## 2.5 仿真研究

本节通过两个例子分析讨论基于主成分相空间重构 (PSR) 的风电功率预测方法的性能，第一个是经典 M-G 混沌时间序列的预测，第二个是实际风力发电功率的预测。

### 2.5.1 M-G 时间序列预测性能分析

M-G 时间序列由 M. C. Mackey 和 L. Glass 建立 [12]，被认为是系统识别的经典测试数据。这个时间序列由式 (2-4) 生成：

$$x(t+1)=(1-b)x(t)+a\frac{x(t-c)}{1+x(t-c)^{10}} \tag{2-4}$$

当 $c\geqslant 17$，可认为该时间序列是混沌的。式中 $a=0.2$，$b=0.1$，$c=17$。

该混沌时间序列相空间重构时，取嵌入维数 $m=15$，延迟时间 $\tau=5$。采用 PCA 消噪降维前后的吸引子如图 2-4 和图 2-5 所示。可以看到图 2-4 中的吸引子

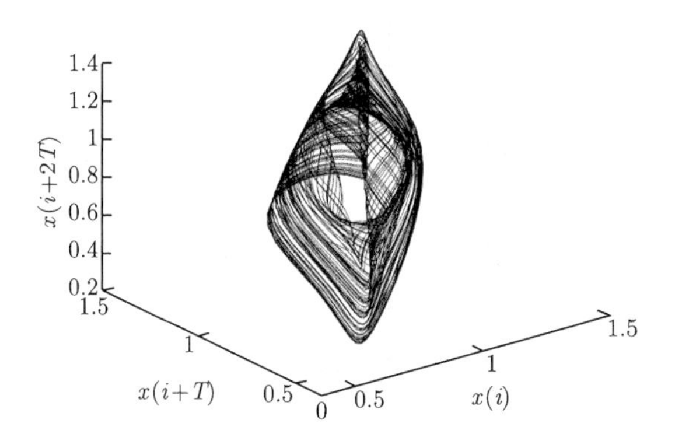


图 2-4 PCA 预处理之前的吸引子

存在折叠和拉伸。从吸引子理论来看，这种现象是由较大的 $\tau$ 或 $m$ 引起的 [13,14]。而利用 PCA 消除冗余和噪声之后，吸引子在图 2-5 中充分打开。也就是说，通过相空间重构和 PCA 的消噪降维，吸引子可以更充分地揭示混沌系统的真实动态特征。

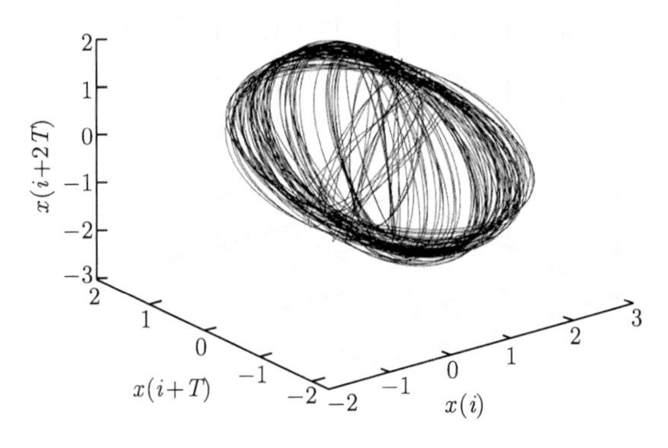


图 2-5 PCA 预处理之后的吸引子

采用本章提出的预测方法 PSR 得到的 M-G 时间序列预测结果如图 2-6 所示。

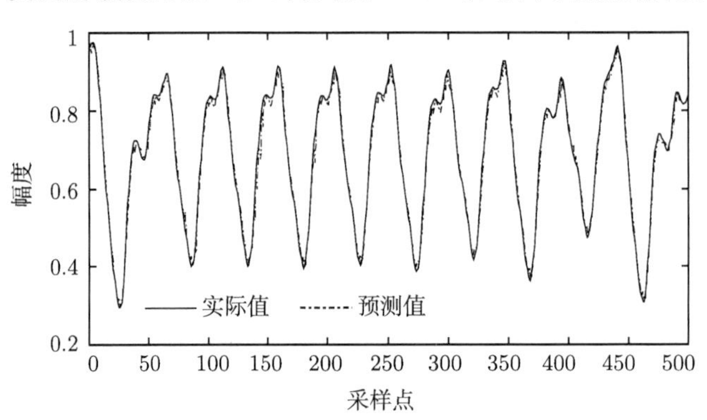


图 2-6 M-G 时间序列预测结果

从图 2-6 可以看出，本书方法能很好地预测混沌时间序列。

### 2.5.2 风电功率预测性能分析

1. 预测误差指标

当前对于评估风电预测误差的指标有：平均绝对误差 (mean absolute error，MAE)，归一化平均绝对误差 (normalized mean absolute error，NMAE)[15]，平均绝对百分比误差 (mean absolute percentage error，MAPE)[16,17]，均方根误差 (root mean square error，RMSE) 和归一化均方根误差 (normalized root mean square error，NRMSE)[18] 等。

$$\mathrm{MAE}=\frac{1}{N}\sum_{t=1}^{N}\left|P_t^{\mathrm{w}}-P_t^{\mathrm{f}}\right| \tag{2-5}$$

$$\mathrm{NMAE}=\frac{1}{N}\sum_{t=1}^{N}\frac{\left|P_t^{\mathrm{w}}-P_t^{\mathrm{f}}\right|}{P^{\mathrm{C}}} \tag{2-6}$$

$$\mathrm{MAPE}=\frac{1}{N}\sum_{t=1}^{N}\frac{\left|P_t^{\mathrm{w}}-P_t^{\mathrm{f}}\right|}{\left|\bar{P}^{\mathrm{w}}\right|} \tag{2-7}$$

$$\mathrm{RMSE}=\sqrt{\frac{1}{N}\sum_{t=1}^{N}\left(P_t^{\mathrm{w}}-P_t^{\mathrm{f}}\right)^2} \tag{2-8}$$

$$\mathrm{NRMSE}=\sqrt{\frac{1}{N}\sum_{t=1}^{N}\left(\frac{P_t^{\mathrm{w}}-P_t^{\mathrm{f}}}{P^{\mathrm{C}}}\right)^2} \tag{2-9}$$

式中，$P_t^{\mathrm{w}}$ 和 $P_t^{\mathrm{f}}$ 分别为 $t$ 时刻风电功率的实际值和预测值；$N$ 为样本个数；$\bar{P}^{\mathrm{w}}$ 为样本平均值；$P^{\mathrm{C}}$ 为风电场装机容量。

MAE 和 RMSE 反映的是绝对误差，不同测试数据源的预测方法的绝对误差没有可比性。但是对于调度部门，他们不但关注预测误差的相对值，同时也会需要预测误差带来的功率偏差，以便安排系统备用或储能，因此 MAE、RMSE 这种绝对误差对于电网运行部门也有重要意义。NMAE、MAPE 和 NRMSE 是相对误差，可以用来比较基于不同数据源的预测方法。NMAE 和 NRMSE 是除以风电场的装机容量。如果测试数据数值较小，即使预测值和实际值偏差很大，通过式 (2-6) 和式 (2-9) 计算出来的误差也会很小。也就是说，如果测试数据不相同，即使来自同一数据源，采用 NMAE 和 NRMSE 作为误差指标衡量不同预测方法的性能是不合理的。MAPE 除以测试数据的平均值，可消除装机容量对预测误差结果的影响。当前新的预测方法层出不穷，可用的数据源千差万别，笔者认为，如果要直接引用其他文献中的预测方法的预测误差数据，MAPE 更适合这种基于不同测试数据源的预测方法的性能比较。

2. 预测结果及分析

实际风电功率数据取自美国国家可再生能源实验室 (NREL)[19]，数据集被归一化。风能大小取决于大气状态，不同的海拔大气条件不同，本小节采用两组不同海拔的风电功率实测数据对 PSR 方法进行验证，以分析预测方法的普适性。第一组数据来自得克萨斯州，位置 31.34° N，104.36° W，ID 为 24，安装位置是海拔 1298 m。第二组数据来自加利福尼亚州，位置 41.83° N，124.37° W，ID 为 17729，安装地点位于海平面。每个位置共使用 1000 个样本，训练样本 580 个，测试样本 420 个。

为了分析 PSR 方法的性能，将其与 PER(persistence)、NR(new-reference) 和 AWNN(adaptive wavelet neural network)[20] 等预测方法比较，4 种方法的提前 1 h 预测值和实际值如图 2-7 所示。

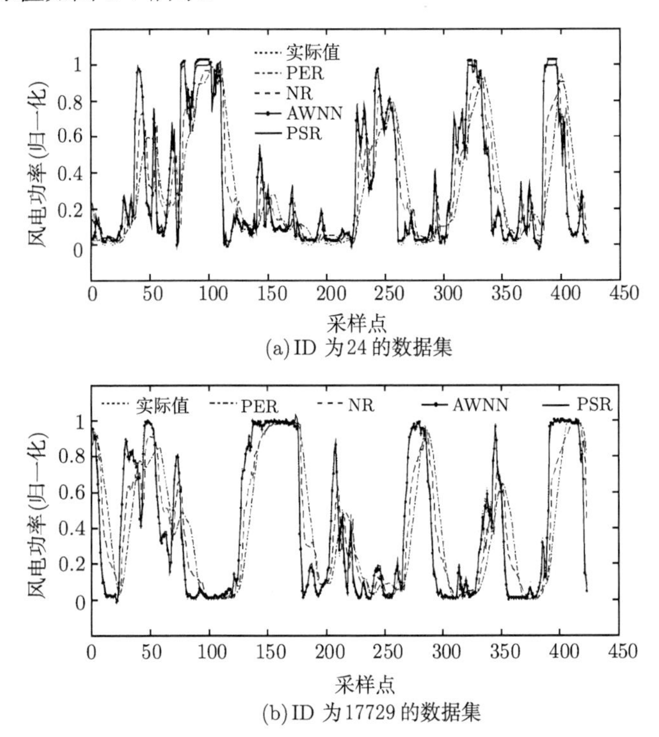


(a) ID 为24 的数据集

(b) ID 为17729 的数据集

图 2-7 PER、NR、AWNN 和 PSR 提前 1 h 的预测效果

从图 2-7 可以看出，与 PER 和 NR 相比，PSR 和 AWNN 的预测曲线可以更好地逼近实际值曲线。但是在功率峰值时，PSR 显示出比 AWNN 更好的性能。

4 种方法的多步预测误差如图 2-8 所示，表 2-1 中列出了 ID 为 24 的风电场数据的预测误差。

由图 2-8 和表 2-1 可以看出，在预测步长由 1h 增加至 48h 的过程中，PSR 均保持了较小的预测误差。PSR 提前 1~48h 预测误差 MAE 平均值为 3%，分别远低于 PER、NR、AWNN 模型的 11.4%、8.7%、12.4%。图 2-9 给出不同误差规定值时的正确比例。

图 2-9(a) 中，预测步长为 1h 时，PSR 预测误差小于 12.5%的比例超过了 90%，且随着预测步长的增加而下降缓慢。在预测步长为 48h 时，本章方法预测误差低于 7.5%的比例接近 60%，而误差低于 12.5%的比例超过 70%。对于 NR 和 PER 方法，

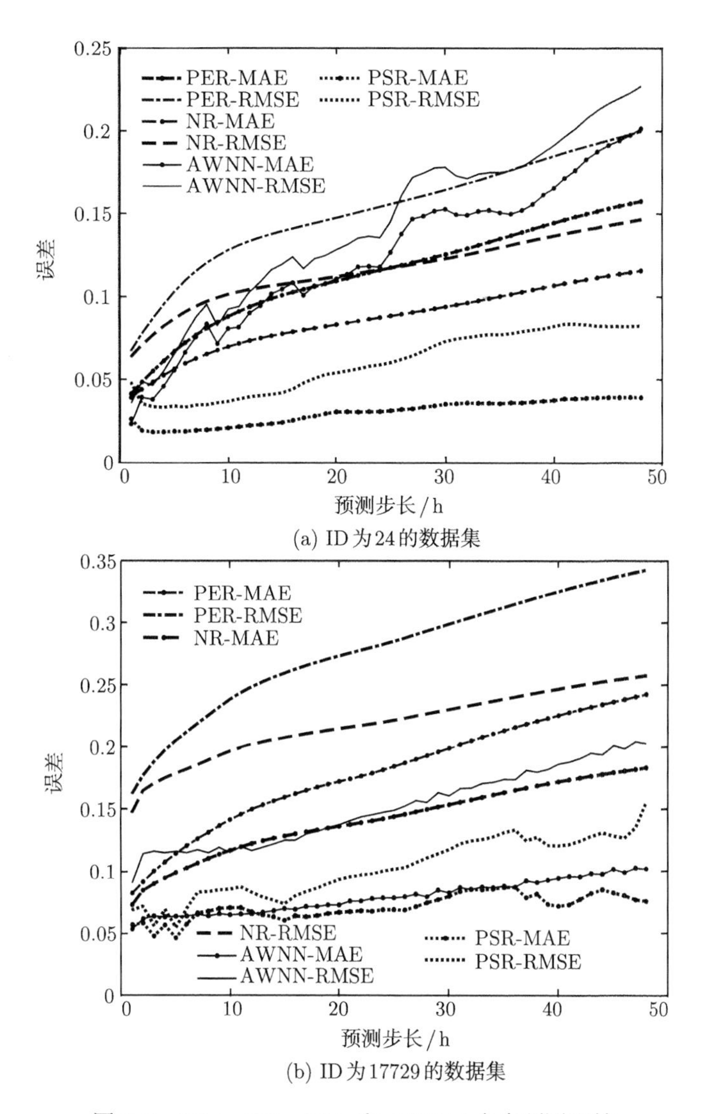


(a) ID为24的数据集

(b) ID为17729的数据集

图 2-8 PSR、NR、PER 和 AWNN 多步预测误差

**表 2-1 ID=24 的不同方法的风电功率预测误差** (单位：%)

| 预测步长/h | PER | | NR | | AWNN | | PSR | |
|---|---|---|---|---|---|---|---|---|
| | MAE | RMSE | MAE | RMSE | MAE | RMSE | MAE | RMSE |
| 1 | 4.2 | 6.8 | 3.9 | 6.4 | 2.3 | 3.6 | 2.6 | 4.8 |
| 2 | 4.9 | 7.8 | 4.4 | 7.1 | 3.9 | 4.9 | 1.9 | 3.5 |
| 3 | 5.5 | 8.7 | 4.9 | 7.7 | 3.8 | 4.6 | 1.9 | 3.4 |
| 4 | 6.1 | 9.6 | 5.3 | 8.2 | 4.6 | 5.5 | 1.9 | 3.3 |

续表

| 预测步长/h | PER | | NR | | AWNN | | PSR | |
|---|---|---|---|---|---|---|---|---|
| | MAE | RMSE | MAE | RMSE | MAE | RMSE | MAE | RMSE |
| 5 | 6.7 | 10.3 | 5.6 | 8.7 | 5.6 | 6.6 | 1.9 | 3.4 |
| 6 | 7.2 | 11.0 | 6.0 | 9.1 | 6.6 | 7.7 | 1.9 | 3.4 |
| 7 | 7.7 | 11.6 | 6.3 | 9.5 | 7.6 | 8.8 | 2.0 | 3.5 |
| 8 | 8.1 | 12.1 | 6.5 | 9.7 | 8.4 | 9.6 | 2.0 | 3.5 |
| 9 | 8.5 | 12.5 | 6.8 | 10.0 | 7.2 | 8.3 | 2.1 | 3.6 |
| 10 | 8.8 | 12.8 | 7.0 | 10.2 | 8.1 | 9.3 | 2.1 | 3.7 |
| 11 | 9.1 | 13.1 | 7.2 | 10.3 | 8.2 | 9.4 | 2.2 | 3.9 |
| 12 | 9.4 | 13.4 | 7.4 | 10.5 | 9.0 | 10.3 | 2.3 | 4.0 |
| 13 | 9.7 | 13.6 | 7.5 | 10.6 | 9.5 | 10.9 | 2.3 | 4.1 |
| 14 | 9.9 | 13.8 | 7.7 | 10.7 | 10.2 | 11.7 | 2.4 | 4.1 |
| 15 | 10.1 | 14.0 | 7.8 | 10.8 | 10.5 | 12.0 | 2.4 | 4.2 |
| 16 | 10.3 | 14.1 | 7.9 | 10.9 | 10.9 | 12.4 | 2.6 | 4.5 |
| 17 | 10.5 | 14.3 | 8.0 | 11.0 | 10.1 | 11.7 | 2.7 | 4.8 |
| 18 | 10.6 | 14.5 | 8.1 | 11.0 | 10.7 | 12.3 | 2.8 | 5.1 |
| 19 | 10.8 | 14.6 | 8.2 | 11.1 | 10.8 | 12.5 | 3.0 | 5.3 |
| 20 | 11.0 | 14.8 | 8.3 | 11.2 | 11.1 | 12.9 | 3.1 | 5.4 |
| 21 | 11.1 | 14.9 | 8.5 | 11.3 | 11.4 | 13.2 | 3.1 | 5.5 |
| 22 | 11.3 | 15.1 | 8.6 | 11.4 | 11.8 | 13.6 | 3.1 | 5.7 |
| 23 | 11.5 | 15.3 | 8.7 | 11.6 | 11.9 | 13.7 | 3.1 | 5.8 |
| 24 | 11.6 | 15.4 | 8.8 | 11.7 | 11.8 | 13.6 | 3.1 | 5.9 |
| 25 | 11.8 | 15.6 | 8.9 | 11.8 | 12.7 | 14.6 | 3.2 | 6.0 |
| 26 | 11.9 | 15.8 | 9.0 | 11.9 | 13.8 | 16.1 | 3.2 | 6.2 |
| 27 | 12.1 | 15.9 | 9.1 | 12.0 | 14.7 | 17.2 | 3.3 | 6.4 |
| 28 | 12.3 | 16.1 | 9.2 | 12.1 | 14.9 | 17.5 | 3.4 | 6.7 |
| 29 | 12.4 | 16.3 | 9.3 | 12.2 | 15.2 | 17.8 | 3.5 | 7.1 |
| 30 | 12.6 | 16.5 | 9.4 | 12.3 | 15.3 | 17.9 | 3.6 | 7.3 |
| 31 | 12.8 | 16.6 | 9.5 | 12.4 | 15.0 | 17.3 | 3.6 | 7.5 |
| 32 | 12.9 | 16.8 | 9.7 | 12.6 | 14.9 | 17.2 | 3.6 | 7.6 |
| 33 | 13.1 | 17.0 | 9.8 | 12.7 | 15.2 | 17.4 | 3.6 | 7.7 |
| 34 | 13.3 | 17.3 | 9.9 | 12.8 | 15.2 | 17.5 | 3.6 | 7.7 |
| 35 | 13.5 | 17.5 | 10.1 | 13.0 | 15.1 | 17.5 | 3.6 | 7.7 |
| 36 | 13.7 | 17.7 | 10.2 | 13.1 | 15.0 | 17.6 | 3.6 | 7.8 |
| 37 | 13.9 | 17.9 | 10.3 | 13.3 | 15.2 | 17.9 | 3.6 | 7.9 |
| 38 | 14.1 | 18.1 | 10.4 | 13.4 | 15.6 | 18.3 | 3.7 | 8.0 |
| 39 | 14.3 | 18.3 | 10.6 | 13.6 | 16.2 | 18.7 | 3.7 | 8.1 |
| 40 | 14.5 | 18.5 | 10.7 | 13.7 | 16.6 | 19.2 | 3.8 | 8.2 |
| 41 | 14.7 | 18.7 | 10.8 | 13.8 | 17.2 | 19.7 | 3.9 | 8.4 |
| 42 | 14.8 | 18.9 | 11.0 | 14.0 | 17.7 | 20.2 | 3.9 | 8.4 |
| 43 | 15.0 | 19.1 | 11.1 | 14.1 | 18.3 | 20.8 | 3.9 | 8.3 |
| 44 | 15.2 | 19.3 | 11.2 | 14.2 | 18.8 | 21.3 | 3.9 | 8.3 |
| 45 | 15.3 | 19.5 | 11.3 | 14.3 | 19.2 | 21.7 | 4.0 | 8.2 |
| 46 | 15.5 | 19.7 | 11.4 | 14.4 | 19.4 | 22.0 | 3.9 | 8.2 |
| 47 | 15.6 | 19.8 | 11.5 | 14.6 | 19.8 | 22.3 | 4.0 | 8.2 |
| 48 | 15.8 | 20.0 | 11.6 | 14.7 | 20.2 | 22.7 | 3.9 | 8.2 |
| 平均值 | 11.4 | 15.2 | 8.7 | 11.6 | 12.4 | 14.4 | 3.0 | 6.0 |

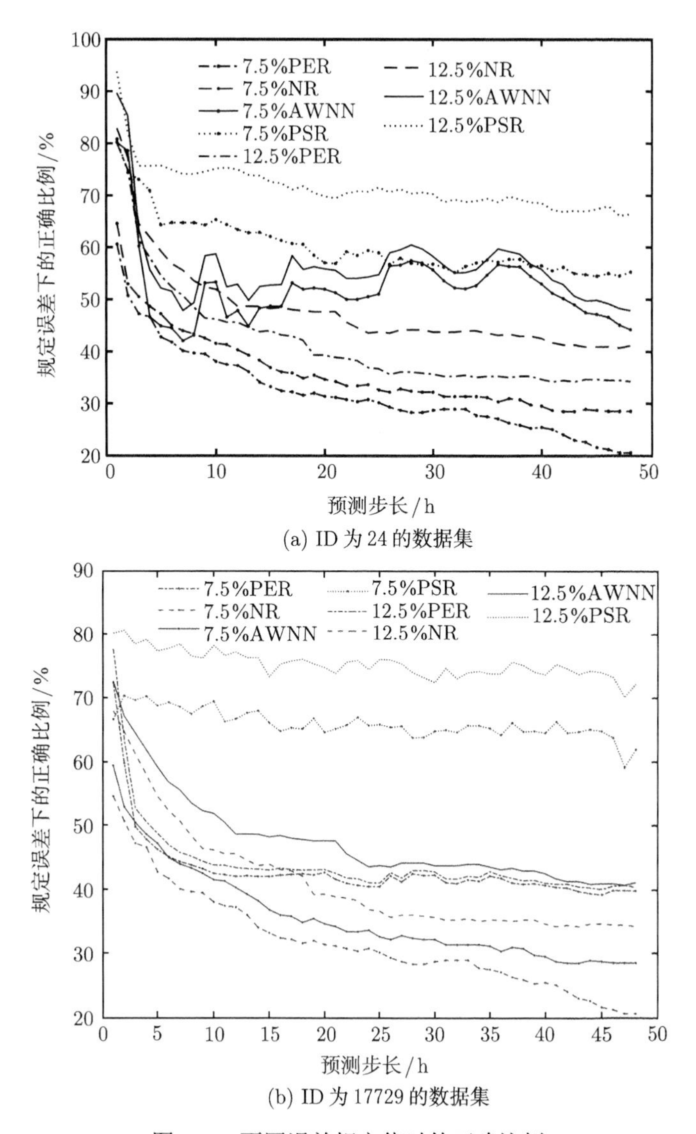


(a) ID 为 24 的数据集

(b) ID 为 17729 的数据集

图 2-9 不同误差规定值时的正确比例

预测步长从 1h 到 48h 的过程中，预测误差小于规定值的比例均处于较低的水平。而 AWNN 在预测步长较小时小于规定误差的比例很高，但是随着预测步长的增加而急剧下降。图 2-9(b) 中也可以看出类似的结论。

选取 NREL 数据集中不同海拔的风电场数据对本章方法进行测试，预测误差如图 2-10 所示，不同装机容量风电机组的风电功率数据的预测误差如图 2-11 所示。表 2-2 中显示了图 2-10 中使用的风电机组的基本信息，容量大致接近。图 2-11 中选取的机组海拔大致相同，海拔大约为 1700m。

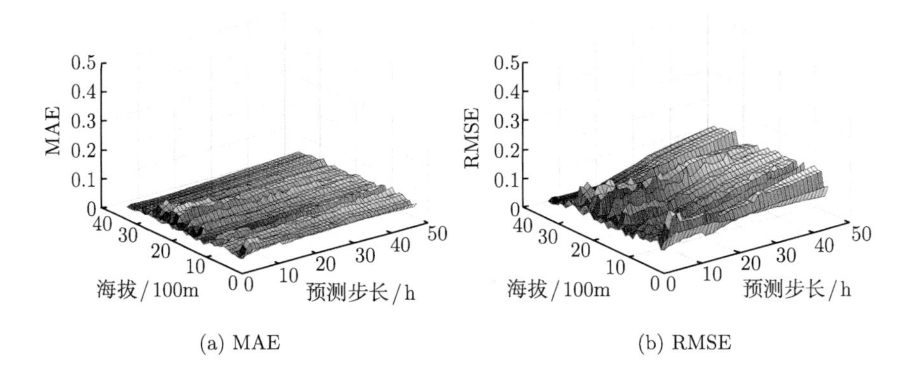


(a) MAE　　(b) RMSE

图 2-10　不同海拔的风电场数据预测误差

**表 2-2　图 2-10 中风电机组基本信息**

| 序号 | ID | 海拔/m | 装机容量/MW |
|---|---|---|---|
| 1 | 22952 | 0 | 53.1 |
| 2 | 12670 | 91.1 | 44.5 |
| 3 | 1218 | 470 | 41.2 |
| 4 | 1216 | 579 | 43.5 |
| 5 | 26048 | 668 | 40.3 |
| 6 | 25955 | 758 | 41.8 |
| 7 | 25929 | 823 | 40.1 |
| 8 | 1883 | 960 | 44.1 |
| 9 | 4494 | 1019 | 44.7 |
| 10 | 4307 | 1148.8 | 42.2 |
| 11 | 3566 | 1224 | 41.8 |
| 12 | 30868 | 1355.3 | 42.5 |
| 13 | 3274 | 1457 | 43 |
| 14 | 3191 | 1532 | 42.4 |
| 15 | 28187 | 1651.2 | 41.5 |
| 16 | 19149 | 1750 | 40.5 |
| 17 | 16034 | 1880 | 40.3 |
| 18 | 16029 | 1989 | 41.8 |
| 19 | 25205 | 2060 | 40.2 |
| 20 | 24549 | 2149 | 42.5 |
| 21 | 16751 | 2254 | 41.6 |
| 22 | 25209 | 2365 | 40.8 |
| 23 | 25192 | 2467 | 40 |
| 24 | 25193 | 2572 | 40.6 |
| 25 | 13531 | 2644 | 47.7 |
| 26 | 25195 | 2749 | 43.4 |
| 27 | 11752 | 2860 | 41.4 |
| 28 | 24807 | 2905 | 42.6 |
| 29 | 11781 | 3119 | 47.6 |

续表

| 序号 | ID | 海拔/m | 装机容量/MW |
|---|---|---|---|
| 30 | 6497 | 3213.9 | 41.7 |
| 31 | 8095 | 3308 | 48.3 |
| 32 | 11104 | 3470 | 46.9 |
| 33 | 11120 | 3540 | 47.6 |
| 34 | 11130 | 3690 | 49.1 |

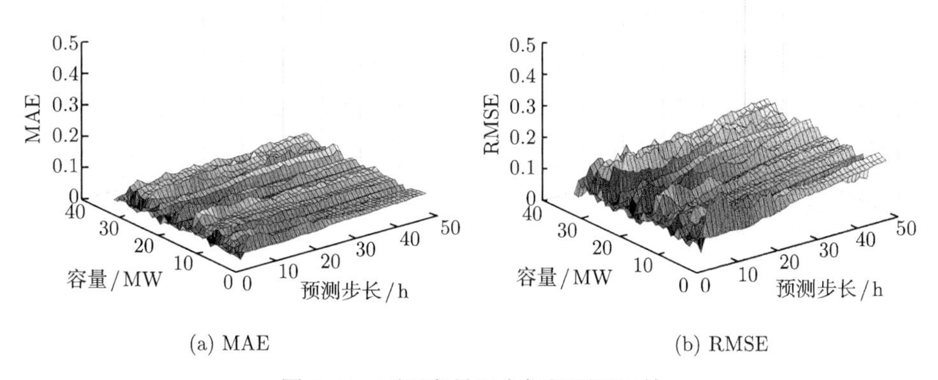


(a) MAE (b) RMSE

图 2-11 不同容量风电机组预测误差

从图 2-10 可以看到预测误差随着预测步长的增加而增加，但是海拔对于本预测方法的影响不大，MAE 不超过 8%，RSME 不超过 15%。图 2-11 同样表明，预测误差受预测步长影响较大，但是与风电机组的容量关联不大，MAE 低于 10%，RSME 低于 15%。

本章提出的 PSR 预测方法通过使用 PCA 找出正确的 $m$ 和 $\tau$，从而重构出真实的风电功率数据。无论信号平滑或急剧变化，PSR 都能够较好地预测。相反，由于小波基函数或分解层数固定，小波变换方法很难跟踪信号的快速变化。PER 和 NR 两种预测方法的原理是历史数据的线性组合，因而延迟很大，无法跟踪信号的动态变化。RAN 可以在学习输入样本的同时调整其结构，基于 RAN 的预测模型能够更好地从历史数据中学习，从而使 PSR 在 0~48h 预测时表现出更高的多步预测能力。NR 和 PER 仅是最近一小段时间的线性组合，因此多步预测能力较差。AWNN 不能根据输入样本自适应调整其结构，对样本的学习能力较差，因此多步预测误差较大。

## 2.6 本章小结

本章提出了一种基于主成分相空间重构的风电预测方法，利用主成分分析方法化简相空间重构信号协方差矩阵的特征值，从而消噪降维，消除不合理选择 $\tau$ 和 $m$ 对相空间重构的影响。将重构后的信号作为输入，采用 RAN 神经网络构建风电预测模型。仿真结果表明，相比较当前的 PER、NR 和 AWNN 预测方法，本章提出的 PSR 方法能够以更小的误差预测 1~48h 风电功率，对于不同容量和不同海拔的风电机组，PSR 方法同样具有准确的预测能力 [21]。

## 参考文献


[1] 张学清, 梁军. 风电功率时间序列混沌特性分析及预测模型研究. 物理学报, 2012, 61(19): 70-81.

[2] 欧阳庭辉, 查晓明, 秦亮, 等. 含核函数切换的风电功率短期预测新方法. 电力自动化设备, 2016, 36(9): 80-86.

[3] 王丽婕, 冬雷, 胡国飞, 等. 基于多嵌入维数的风力发电功率组合预测模型. 控制与决策, 2010, 25(4): 577-580, 586.

[4] Takens F. Dynamical Systems and Turbulence. Berlin: Springer Verlag Press, 1981.

[5] Packard N H, Crutchfield J P, Farmer J D, et al. Geometry from a time series. Physical Review Letter, 1980, 45(9): 712-716.

[6] Albano A M, Muench J, Schwartz C, et al. Singular-value decomposition and the Grassberger-Procaccia algorithm. Physical Review A, 1988, 38(6): 3017-3026.

[7] Kugiumtzis D. State space reconstruction parameters in the analysis of chaotic time series-the Role of the Time Window Length. Physica D, 1996, 95(1): 13-28.

[8] Kim H S, Eykholt R, Salas J D. Nonlinear dynamics, delay times, and embedding windows. Physica D, 1999, 127(1): 48-60, 13.

[9] Charles C D, Donald J J. Principal component analysis: a method for determining the essential dynamics of proteins. Methods in Molecular Biology, 2014, 1084: 193-226.

[10] Feng J S, Xu H, Mannor S, et al. Online PCA for contaminated data. Advances in Neural Information Processing Systems, 2013, 26: 1-9.

[11] Platt J. A resource-allocating network for function interpolation. Neural Computation, 1991, 3(2): 213-225.

[12] Mackey M C, Glass L. Oscillation and chaos in physiological control systems. Science, 1977, 197: 287-289.

[13] Rosenstein M T, Collins J J, Luca C J D. Reconstruction expansion as a geometry-based framework for choosing proper delay times. Physica D, 1994, 73: 82-98.

[14] Fraser A M, Swinney H L. Independent coordinates for strange attractors from mutual information. Physical Review A, 1986, 33(2): 1134-1140.

[15] Sun G P, Jiang C W, Pan C, et al. Short-term wind power forecasts by a synthetical similar time series data mining method. Renewable Energy, 2018, 115: 575-584.

[16] Osório G J, Matias J C O, Catalao J P S. Short-term wind power forecasting using adaptive neuro-fuzzy inference system combined with evolutionary particle swarm optimization, wavelet transform and mutual information. Renewable Energy, 2015, 75: 301-307.

[17] Mandal P, Zareipour H, Rosehart W D. Forecasting aggregated wind power production of multiple wind farms using hybrid wavelet–PSO–NNs. Internstional Joural of Energy Reseach, 2014, 38: 1654-1666.

[18] Aghajani A, Kazemzadeh R, Ebrahimi A. A novel hybrid approach for predicting wind farm power production based on wavelet transform, hybrid neural networks and imperialist competitive algorithm. Energy Conversion and Management, 2016, 121: 232-240.

[19] National Renewable Energy Laboratory. Wind Integration Data Sets. https://www.nrel.gov/grid/wind-integration-data.html, [2020-06-06].

[20] Bhaskar K, Singhs S N. AWNN-assisted wind power forecasting using feed-forward neural network. IEEE Transactions on Sustainable Energy, 2012, 3(2): 306-315.

[21] Li H, Romero C E, Zheng Y. Wind power forecasting based on principle component phase space reconstruction. Renewable Energy, 2015, 81: 737-744.

# 第3章　基于 VMD-LSTM 的风电功率多步预测方法

## 3.1　引　　言

为了使预测模型的输入样本更好地反映风电特性，许多学者首先对风电功率进行分解，主要方法有小波分解 [1]、相空间分解 [2,3]、经验模态分解 [4,5]、集合经验模态分解 [6−8]、变分模态分解 (variational mode decomposition，VMD)[9−12] 等。小波分解具有良好的时频局域化特性，但分解效果取决于基函数和阈值的选择，自适应性差，而风电信号特性复杂，存在较强不确定性，利用小波分解风电信号会给基函数和阈值的选择带来困难。变分模态分解 (VMD) 是一种新的信号自适应分解估计方法，VMD 将信号转化为非递归、变分模态分解模式，其实质是多个自适应维纳滤波组，表现出更好的噪声鲁棒性。在分解风电信号时，VMD 可以自适应地将风电信号分解成多个频段信号。相比于小波信号分析方法，VMD 鲁棒性良好且运算效率高，有坚实的理论基础，在相近频率信号的模态分离和重构方面具有优良性能。但是 VMD 分解层数难以确定，而且追求分解重构的精度，忽略风电本身的特性。

本章提出一种 VMD-LSTM 预测方法，首先引入 VMD 方法分解风电功率，获得风电功率信号的长期、波动和随机三个模态分量。然后利用长短记忆 (long short-term memory，LSTM) 网络分别对三个特性的模态分量进行深度学习，利用其特有的遗忘门、记忆门结构，建立较长时间间隔的时间序列之间的关联，构建多步预测模型。最后利用实际风电场数据进行测试，分析所提方法在多步预测和实时预测中的性能。

## 3.2　VMD 与风电特性分析

### 3.2.1　VMD 基本原理

VMD 是一种非平稳信号自适应分解估计方法，可将原始复杂信号 $f$ 分解为 $k$ 个调幅调频子信号。假设每个模态具有不同中心频率的有限带宽，目标是使每个模态的估计带宽之和最小。变分模态分解主要包括构造变分问题及其求解。

构造变分问题步骤如下。

(1) 对每个模态函数 $u_k(t)$，采用 Hilbert 变换计算相应的解析信号，于是得到其单侧频谱为

$$\left[\delta(t)+\frac{\mathrm{j}}{\pi t}\right]\cdot u_k(t)$$

$\delta(t)$ 是狄拉克分布 (Dirac distribution)。

(2) 对每一模态函数 $u_k(t)$，通过与其对应的中心频率 $\omega_k$ 的指数项 $\mathrm{e}^{-\mathrm{j}\omega_k t}$ 混叠，将每个模态的频谱调制到相应基频带为

$$\left[\left(\delta(t)+\frac{\mathrm{j}}{\pi t}\right)\cdot u_k(t)\right]\mathrm{e}^{-\mathrm{j}\omega_k t}$$

(3) 由解调信号的高斯平滑法估计出各模态信号带宽，求解带约束条件的变分问题，其目标函数为

$$\begin{cases}\min\limits_{\{u_k\},\{\omega_k\}}\left\{\sum\limits_k\left\|\partial_t\left[\left(\delta(t)+\frac{\mathrm{j}}{\pi t}\right)\cdot u_k(t)\right]\mathrm{e}^{-\mathrm{j}\omega_k t}\right\|^2\right\}\\ \text{s.t.}\ \sum\limits_k u_k=f\end{cases}\tag{3-1}$$

式中，$\{u_k\}=\{u_1,\cdots,u_k\}$；$\{\omega_k\}=\{\omega_1,\cdots,\omega_k\}$。

变分问题求解过程如下。

(1) 采用二次惩罚因子 $\alpha$ 和拉格朗日乘法算子 $\lambda^{\mathrm{v}}(t)$，将约束性变分问题变为非约束性变分问题。式中 $\alpha$ 保证信号的重构精度，$\lambda^{\mathrm{v}}(t)$ 保持约束条件的严格性，拓展的拉格朗日表达式如下：

$$\begin{aligned}L(\{u_k\},\{\omega_k\},\lambda^{\mathrm{v}})=&\alpha\sum_k\left\|\partial_t\left[\left(\delta(t)+\frac{\mathrm{j}}{\pi t}\right)\cdot u_k(t)\right]\mathrm{e}^{-\mathrm{j}\omega_k t}\right\|^2\\&+\left\langle\lambda^{\mathrm{v}}(t),f(t)-\sum_k u_k(t)\right\rangle\end{aligned}\tag{3-2}$$

(2) 采用交替方向乘子法解决以上变分问题，通过交替更新 $u_k^{n+1}$、$\omega_k^{n+1}$ 以及 $\lambda^{\mathrm{v},n+1}$，寻求拓展拉格朗日表达式的最优点。式中，$u_k^{n+1}$ 可利用傅里叶等距变换转变到频域：

$$\begin{aligned}\hat{u}_k^{n+1}=&\mathop{\arg\min}_{\hat{u}_k,u_k\in X}\left\{\alpha\left\|\mathrm{j}\omega\left[(1+\operatorname{sgn}(\omega+\omega_k))\cdot\hat{u}_k(\omega+\omega_k)\right]\right\|_2^2\right.\\&\left.+\left\|\hat{f}(\omega)-\sum_i u_i(\omega)+\hat{\lambda}^{\mathrm{v}}(\omega)/2\right\|_2^2\right\}\end{aligned}\tag{3-3}$$

(3) 利用傅里叶等距变换将式 (3-3) 变换到频域，求得二次优化问题的解：

$$\hat{u}_k^{n+1}(\omega) = \frac{\hat{f}(\omega) - \sum_i \hat{u}_k(\omega) + \hat{\lambda}^{\mathrm{v}}(\omega)/2}{1 + 2 \times \alpha (\omega - \omega_k)^2} \tag{3-4}$$

(4) 根据同样的过程，解得中心频率的更新方法：

$$\omega_k^{n+1} = \frac{\int_0^{\infty} \omega |\hat{u}_i(\omega)|^2 \mathrm{d}\omega}{\int_0^{\infty} |\hat{u}_i(\omega)|^2 \mathrm{d}\omega} \tag{3-5}$$

式中，$\hat{u}_k^{n+1}(\omega)$ 相当于当前剩余量 $\hat{f}(\omega) - \sum \hat{u}_i(\omega)$ 的维纳滤波；$\omega_k^{n+1}$ 为当前模态函数功率谱的重心；对 $\hat{u}_k(\omega)$ 进行傅里叶逆变换，其实部则为 $\{u_k(t)\}$。VMD 的具体流程见文献 [11, 12]。

### 3.2.2　风电特性分析

1. 基于 VMD 的风电输出功率分解

风电具有波动性和随机性，波动性体现在风电出力随时间变化，是不可控的。为了保持发供用电的平衡，网内可控发电机组，如火电机组，需要根据风电的波动变化频繁调整出力。随机性体现在风电出力的随机变化，是难以预测的，通常电网需要通过机组备用和储能应对风电的随机变化。对风电特性的深入分析将有助于更好地安排机组出力、备用和储能。

VMD 根据需要划分的子信号个数，对原始信号进行最优化划分，动态选取中心频率，并使每个子信号的带宽之和最小。因此，VMD 可以认为是对原始信号深入分析之后的一种分解方法。对于风电功率信号而言，VMD 的分解结果也具有物理意义。

利用 VMD 对风电功率信号分解，数据源来自比利时 ELIA 公司的风电功率实测数据 [13]，每 15 min 取一个采样点，如图 3-1 所示。VMD 分解得到的 5 层分解结果如图 3-2 所示，3 层分解结果如图 3-3 所示。

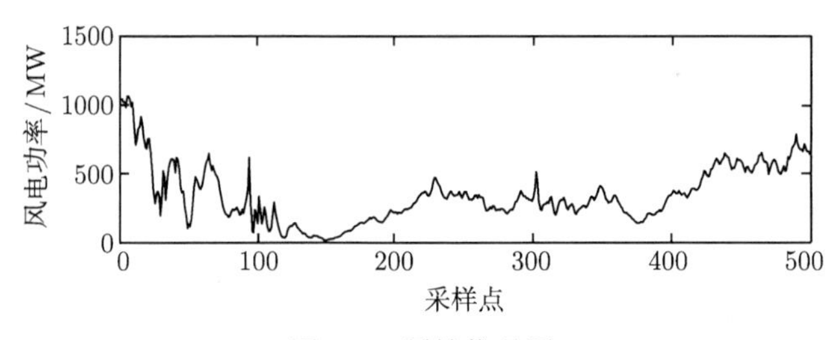


图 3-1　原始信号图

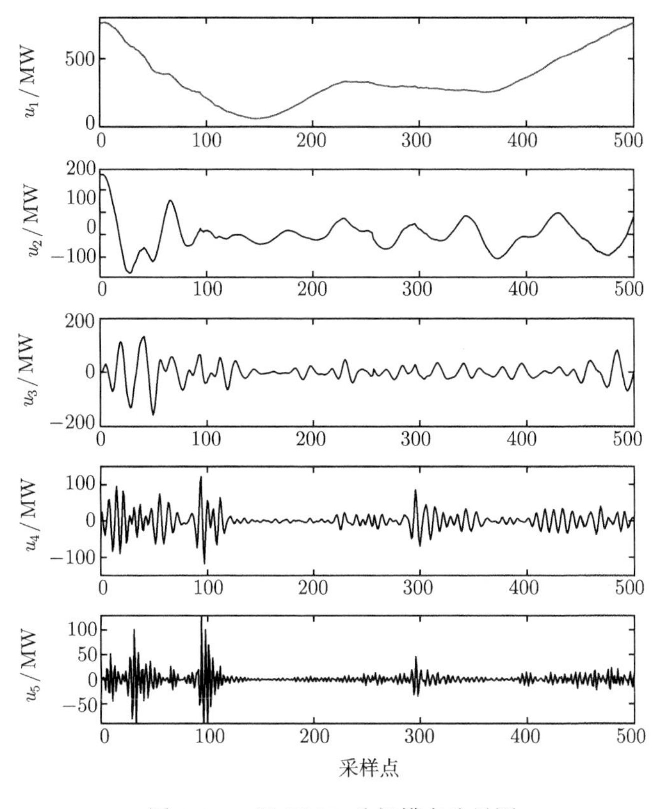


图 3-2 5 层 VMD 分解模态分量图

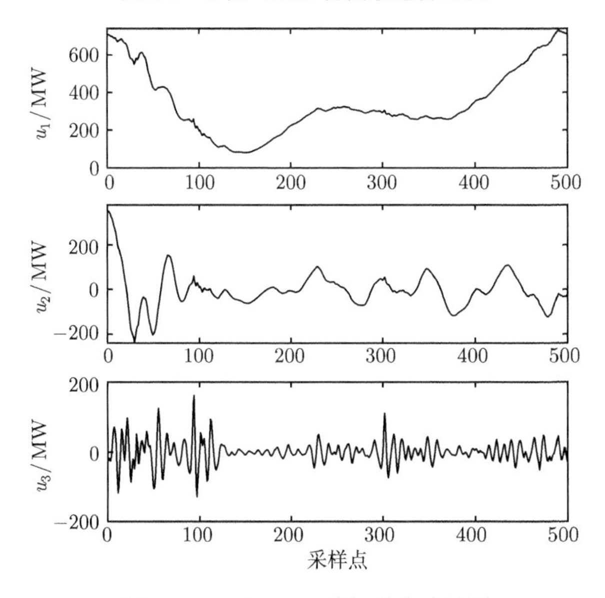


图 3-3 3 层 VMD 分解模态分量图

图 3-2 中，风电功率被分解为 5 层，第 1 层可以看出大致反映了原始数据的趋势，第 2 层可以反映更小时间尺度内的风电输出波动。第 3、4、5 层可以看出更高频段内，更小时间尺度内的风电功率变化情况。图 3-3 中，风电信号被分成 3 层，分别在 3 个频段宽度表现了风电功率信号。

2. VMD 分解结果分析

从信号分析的角度来看，VMD 分解层数越多越好。由图 3-2、图 3-3 可以看出，随着分解层数 $k$ 的增加，原始信号被分辨得越细致，一些高频特性也被表现得更清楚。但是，对于风电功率信号来说，分解层数多也会带来一些问题。

(1) 分解层数多会给后续的使用带来麻烦。以风电预测为例，如果为每个模态分量建立一个预测模型，然后合成得到总的预测输出，那么分解层数多会导致预测子模型的增加。而且分解层数多的时候，高频段的分解模态分量结果为零或者接近零的值较多，如图 3-2 中的第 5 层分解模态分量，这些模态分量信息量较少，存在过度分解的问题。

(2) 风电功率特性本身决定了不适宜过多层次的分解。在旋转机械故障诊断领域，设备故障会导致振动信号中存在周期性的高频信号。在电网谐波治理领域，不同特性的谐波源也会导致电网电压电流中存在周期性的高频信号。在这些使用场合，为了分辨出高频的特征信号，需要较多层次的分解。而风电功率信号中虽然也存在着一些高频分量，但是风电功率在高频段的分量很大比例是一种纯粹的随机行为或者是噪声。对于电力系统来说，短时高频小幅度的出力变化作为扰动，可被系统一次调频自动消化，无须采取特别动作。高频大幅度的出力变化，即爬坡行为，这是典型的风电随机行为，没有周期性和规律性，对这些信号在高频过多分解毫无意义。因此没有必要对风电功率的高频段特性过多分解，在某一时间段内的风电波动以及整体的随机表现才是电网会重点关注的行为。

再分析图 3-3 中的 3 层 VMD 分解图。对比图 3-1 中的原始信号，图 3-3 中，第 1 层模态分量表示长时间段内的风电变化，反映风电出力的趋势。第 2 层模态分量反映较短时间内的风电变化，可以认为表示风电的波动性表征。第 3 层模态分量反映更短时间内的风电变化，通常被当成风电功率的毛刺 [14]，可被视作风电随机性的表征。因此，通过 VMD 对风电信号进行 3 个层次的分解，可以分别获取风电出力长期趋势、短期波动性以及超短期的随机性表征。这 3 个模态分量明显具有的物理意义给后续的使用带来方便，如果这 3 个层次模态分量用于建立预测模型预测风电输出，由于分别代表了风电的长期趋势、波动性和随机性，预测模型能够更好地学习风电特性，从而获得较高的预测精度。如果把这 3 个模态分量直接用于调度模型也有着显而易见的优势，针对 3 个代表风电不同特性的模态分量设置不同调度策略和补偿方式，从而提高电网对风电的消纳水平。本章重点将这 3

个模态分量用于风电的多步预测和实时预测。

## 3.3 LSTM 与风电功率实时预测

### 3.3.1 LSTM 基本原理

长短记忆 (LSTM) 神经网络是一种时间递归神经网络 (recurrent neural network，RNN)，其子模块包含输入层、输出层以及它们之间的若干递归隐层。递归隐层由若干记忆模块构成，每个模块包含一个或多个自连接的记忆单元以及控制信息流动的 3 个门：记忆门、遗忘门和输出门 [15,16]，如图 3-4 所示。

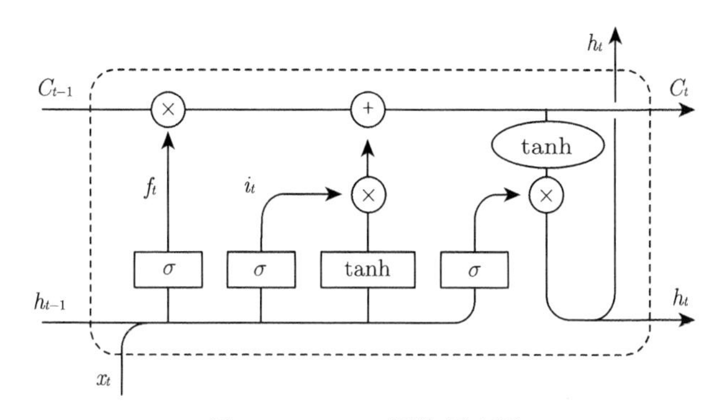


图 3-4 LSTM 网络原理图

已知输入序列表示为 $\boldsymbol{X} = (x_1, x_2, x_3, \cdots, x_{T-1}, x_T)$，递归隐层按照时刻 $t = 1 \sim T$ 依次计算 3 个门和记忆单元的激活值。$t$ 时刻的计算公式如下。

输入门：

$$i_t = \sigma(\boldsymbol{W}_{ix}x_t + \boldsymbol{W}_{ih}h_{t-1} + \boldsymbol{W}_{ic}C_{t-1} + \boldsymbol{b}_i) \tag{3-6}$$

遗忘门：

$$f_t = \sigma(\boldsymbol{W}_{fx}x_t + \boldsymbol{W}_{fh}h_{t-1} + \boldsymbol{W}_{fc}C_{t-1} + \boldsymbol{b}_f) \tag{3-7}$$

记忆单元：

$$C_t = f_t \odot C_{t-1} + i_t \odot \phi(\boldsymbol{W}_{ch}h_{t-1} + \boldsymbol{W}_{cx}x_t + \boldsymbol{b}_c) \tag{3-8}$$

输出门：

$$o_t = \sigma(\boldsymbol{W}_{ox}x_t + \boldsymbol{W}_{oh}h_{t-1} + \boldsymbol{W}_{oc}C_{t-1} + \boldsymbol{b}_o) \tag{3-9}$$

隐层输出：

$$h_t = o_t \odot \phi(C_t) \tag{3-10}$$

式中，$\boldsymbol{W}$ 是权重矩阵；$\boldsymbol{W}_{\cdot x}$ 为上一隐层的输入 $x_t$ 与记忆模块之间的连接矩阵；$\boldsymbol{W}_{\cdot h}$ 为当前隐层上一时刻的输出 $h_{t-1}$ 与记忆模块之间的连接矩阵；$\boldsymbol{W}_{\cdot c}$ 为记忆模块内部连接 3 个门与记忆单元的对角矩阵；$\boldsymbol{b}_{\cdot}$ 为偏置向量；$\sigma$ 为 sigmoid 非线性函数；$\phi$ 为双曲正切非线性函数；$\odot$ 为向量间的逐个元素相乘符号。

LSTM 网络采用反向传播算法进行训练，步骤如下：

(1) 前向计算每个神经元输出值。

(2) 反向计算每个神经元的误差项。

(3) 根据相应误差项，计算每个权重的梯度。

### 3.3.2 基于 LSTM 的实时预测模型

当前的风电功率预测可以分为单步预测和多步预测两种。单步预测根据当前值预测接下来一个周期 (一般为 15 min) 的风电功率，由于预测点距离当前时刻较近，预测精度较高。但是由于仅提前一个预测周期给出预测值，对电网调度来讲可用于安排的时间太短，因而多步预测的实际意义更大。当前研究最多的是滚动多步预测，每次提供一个预测周期以上的预测值，如对应 15 min 的预测周期，2 步、8 步、16 步分别可以提供未来 0.5 h、2 h 和 4 h 时刻点的预测值。滚动多步预测通过不停的滚动，多次预测实现未来一段时间的功率预测，本质上是一种多次单步预测。由于一次仅预测一个值，对预测模型要求较低，预测精度也相对较高。

根据国家能源局文件 [17]，风电场每 15 min 需向电力系统调度机构滚动上报未来 15 min~4 h 的风电场发电功率预测曲线，预测值的时间分辨率为 15 min，也就是说风电场每 15 min 要上报接下来一共 16 个点的预测曲线。这要求一次预测提供多步预测值，也称为实时预测。实时预测要求预测模型一次输出连续一段时间内的预测值，随着待预测时刻与当前时刻距离变长，两者中间的关联变弱，因而预测难度较大，当前的少数几种方法误差也较大。

传统的基于神经网络预测模型机理类似于模式识别，样本中包含了不同的模式。神经网络模型训练时仅学习模式本身，没有学习样本与模式在时序上的联系，用这种网络模型做时间序列预测和做模式识别没有什么本质上的差别。风电功率数据的特点是前后样本有时间上的联系，出现爬坡事件时一段时间内的样本都处于爬坡状态，波动较小时一段时间内的样本变化都比较平缓。LSTM 解决了传统神经网络无法做到样本间的时序关联问题，在样本学习时增加时间关联，记住之前发生了什么，然后应用于神经网络，观察与神经网络接下来所发生的事情之间的联系，从而得出结论，因此能够发现时间距离较远的样本之间的相关关系。基于 LSTM 的风电功率预测如图 3-5 所示。

图 3-5 中，实际的风电功率数据为图 3-3 中 VMD 分解的第一层模态分量的前 1000 个数据样本。图 3-5 中的三幅预测图分别表示对应不同预测时刻的后 16 步预

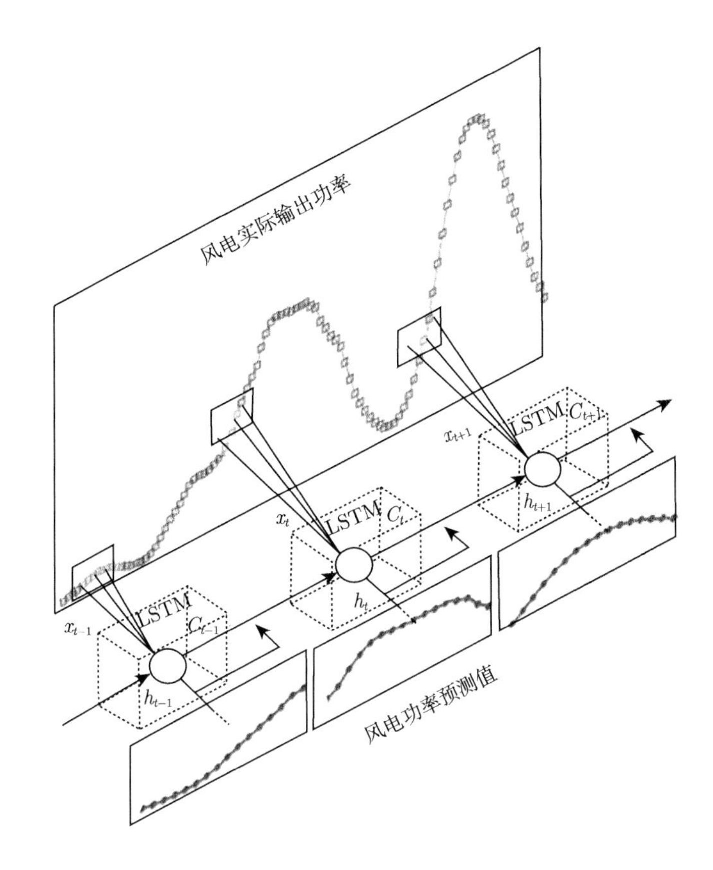


图 3-5 基于 LSTM 的风电功率预测示意图

测值。例如在 $t$ 时刻，将 $t$ 时刻及之前的若干个样本作为输入样本 $x_t$，同时输入 LSTM 预测模型的还有上一时刻的模型状态量 $C_{t-1}$ 和上一时刻的模型输出 $h_{t-1}$，即图中箭头内的数据。$t$ 时刻的预测模型输出为 $h_t$，即 $t+1 \sim t+16$ 的风电功率预测值。图中的箭头为 $C_{t-1}$ 和 $h_{t-1}$，代表着预测模型的记忆。也就是说，LSTM 在学习当前时刻的风电功率数据的同时，还通过 $C_{t-1}$ 和 $h_{t-1}$ 保留了模型之前的学习记忆。这个记忆将整个风电功率预测的过程连接起来，每次预测之间不是独立的，而是相互关联的。在长时记忆中会选择性记住重大的时刻，而对于司空见惯的时刻则逐渐遗忘。也就是将风电功率在历史变化过程中的重要模式放在记忆中，忽略掉不重要的模式。因此将 LSTM 用于风电功率预测，尤其是实时的多步预测在原理上具有显著的优势。

综上所述，本章提出的预测方法流程如图 3-6 所示。利用 VMD 将风电功率信号分解为 3 个模态分量，每个分量建立一个 LSTM 预测模型，然后将预测值合成得到最终的预测输出。

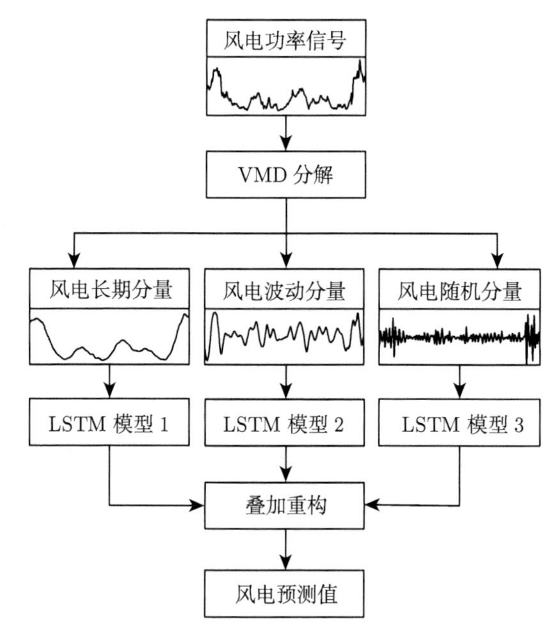


图 3-6　预测方法流程图

## 3.4　仿 真 研 究

### 3.4.1　VMD 分解层数分析

对风电功率进行 3 层和 5 层 VMD 分解，分别对每个模态分量预测，各个分量的预测结果见图 3-7 和图 3-8。分别合成 3 层和 5 层的预测结果得到最终预测值，如图 3-9 所示，不经过 VMD 直接用风电历史数据预测的结果也见图 3-9。预测误差如表 3-1 所示。三幅图中的实测数据为 ELIA 网站数据 2017 年 12 月的前 500 个点。表 3-1 中的误差为 2017 年 12 月 2976 个采样点的统计值。两种情况下的网络初始参数、迭代次数设置完全相同。

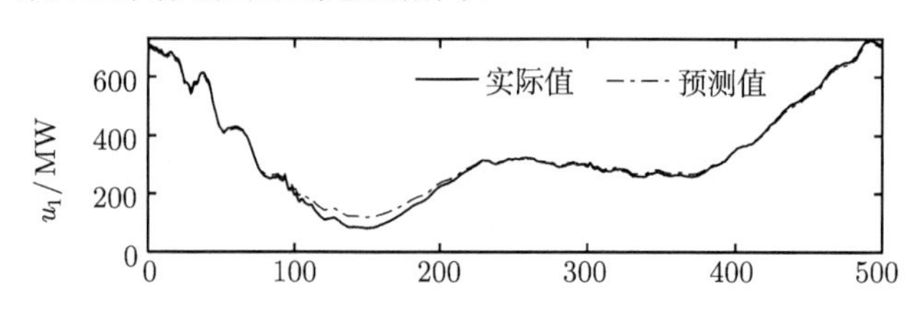

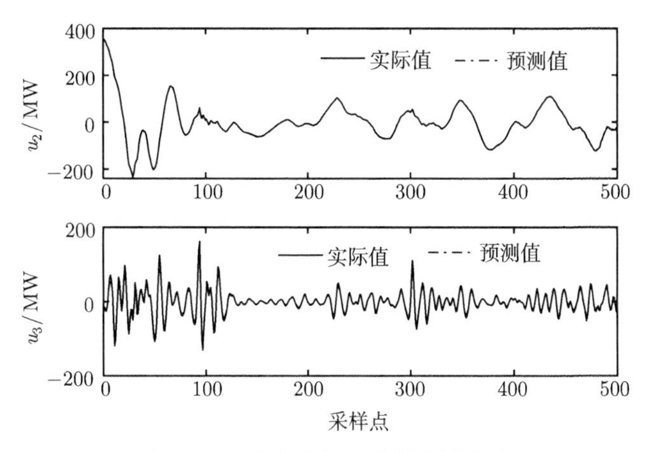


图 3-7 3 层分解模态分量预测结果

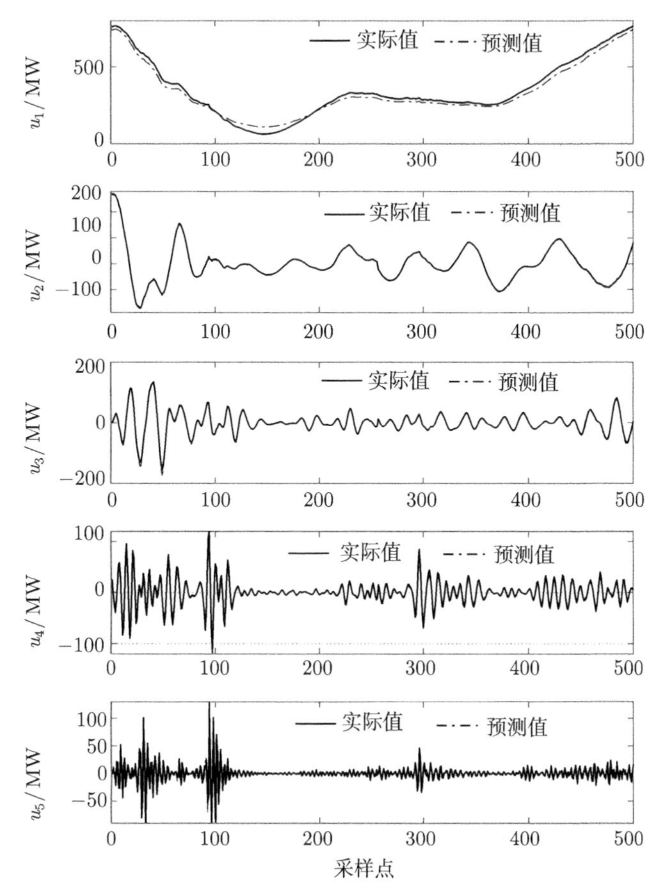


图 3-8 5 层分解模态分量预测结果

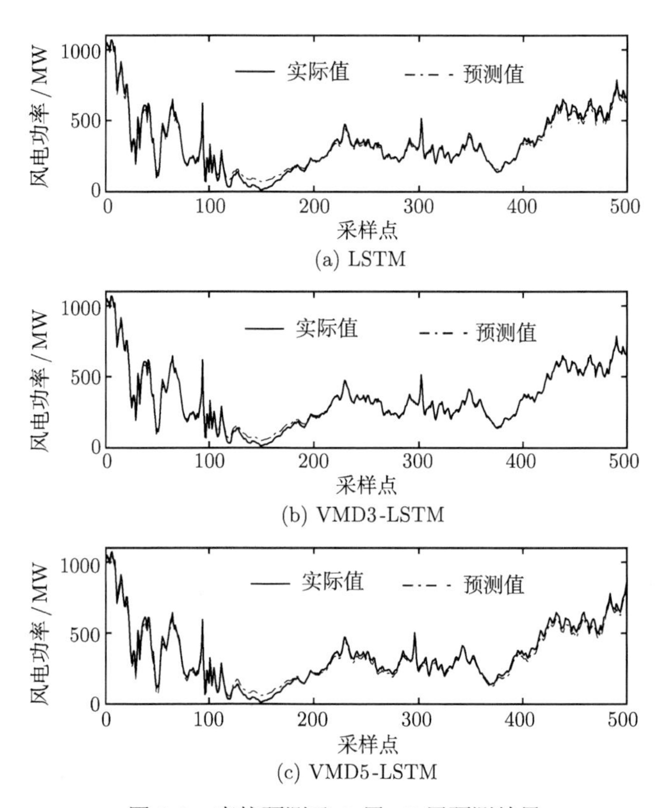


(a) LSTM

(b) VMD3-LSTM

(c) VMD5-LSTM

图 3-9　直接预测及 3 层、5 层预测结果

**表 3-1　不同 VMD 分解层数及不经过 VMD 预测误差**

| 误差指标 | | MAPE | RMSE |
| --- | --- | --- | --- |
| 不经过 VMD | | 0.024 | 21.72 |
| 3 层 VMD 分解 | 1 层 | 0.012 | 12.87 |
| | 2 层 | 0.021 | 8.60 |
| | 3 层 | 0.197 | 7.47 |
| | 合成 | 0.019 | 19.42 |
| 5 层 VMD 分解 | 1 层 | 0.026 | 24.91 |
| | 2 层 | 0.036 | 14.54 |
| | 3 层 | 0.070 | 3.38 |
| | 4 层 | 0.242 | 6.57 |
| | 5 层 | 0.607 | 9.23 |
| | 合成 | 0.030 | 31.12 |

图 3-7 中 3 层模态分量的预测结果，除了在第 2 层和第 3 层的部分尖峰位置出现了一些偏差，其余位置均非常接近实际值。表 3-1 中列出 3 层模态分量的预测误差 MAPE 分别为 0.012、0.021 和 0.197。由图 3-8 的 5 层模态分量的预测结果可以看到，第 1 层模态分量和第 5 层模态分量的预测值与实际值偏差较大，中间的

2、3、4 层模态分量的偏差较小，预测误差 MAPE 分别为 0.026、0.036、0.070、0.242 和 0.607。图 3-8 中的第 1 层模态分量可视为风电功率的较长时间趋势，由于分解层数较多，第 1 层分量曲线整体过于平缓。对于 LSTM 来讲，数据变化不大意味着包含的信息量较小。第 5 层分解模态分量的预测结果存在同样问题，该层模态分量可以认为是对风电信号中毛刺的进一步分解，信号在这个频段内呈现出较强的随机性，不可避免含有很多白噪声，因此 LSTM 预测的效果不尽如人意。由图 3-9 可以看出，采用 3 层 VMD 分解后，最终合成的预测值更接近实际值。表 3-1 中的数据也可以看出同样结论，预测误差 MAPE 由 0.024 下降到 0.019。而采用 5 层 VMD 分解后，预测误差则上升至 0.030。由此可见，利用 VMD 将风电功率数据分成 3 层后，既能反映出较长时间周期内的变化趋势和波动，也没有对高频的部分过度分解，预测效果较好。另外，分解层数多意味着预测模型多，而每个模型在训练的时候都有它的固有训练误差，这些误差在最后合成时会叠加在一起。如果不能保证分层后的模态分量能更好地描述风电本身特性，分层数量增加将带来预测误差的变大，本部分中 5 层分解的预测结果也验证了这个说法。

### 3.4.2 多步预测性能分析

1. 滚动多步预测

本节通过对比 PER、小波分解方法 (wavelet transform，WT)[1] 和 BP 等几种预测方法，分析 VMD-LSTM 在多步预测方面的性能。利用上述几种方法按照季节，分别提前 4 步、8 步和 12 步预测，得到提前 1 h、2 h 和 3 h 的预测结果。ELIA 网站 2017 年数据预测结果的 MAPE 如表 3-2 所示，RMSE 如表 3-3 所示。NREL 网站 [18]2011 年数据预测结果的 MAPE 如表 3-4 所示，RMSE 如表 3-5 所示。

**表 3-2 滚动多步预测误差 MAPE** (ELIA)

| 预测方法 | 预测步长/h | 春 | 夏 | 秋 | 冬 |
|---|---|---|---|---|---|
| VMD-LSTM | 1 | 0.015 | 0.014 | 0.018 | 0.021 |
| | 2 | 0.019 | 0.017 | 0.020 | 0.025 |
| | 3 | 0.027 | 0.024 | 0.019 | 0.033 |
| PER | 1 | 0.091 | 0.122 | 0.090 | 0.106 |
| | 2 | 0.122 | 0.148 | 0.106 | 0.126 |
| | 3 | 0.150 | 0.173 | 0.120 | 0.145 |
| WT | 1 | 0.054 | 0.096 | 0.095 | 0.091 |
| | 2 | 0.072 | 0.106 | 0.100 | 0.099 |
| | 3 | 0.082 | 0.116 | 0.109 | 0.114 |
| BP | 1 | 0.052 | 0.064 | 0.061 | 0.079 |
| | 2 | 0.077 | 0.096 | 0.081 | 0.103 |
| | 3 | 0.108 | 0.132 | 0.121 | 0.120 |

**表 3-3　滚动多步预测误差 RMSE (ELIA)**

| 预测方法 | 预测步长/h | 春 | 夏 | 秋 | 冬 |
|---|---|---|---|---|---|
| VMD-LSTM | 1 | 9.57 | 8.48 | 9.77 | 11.28 |
| | 2 | 11.21 | 11.94 | 13.37 | 13.76 |
| | 3 | 13.71 | 12.51 | 11.81 | 15.53 |
| PER | 1 | 86.66 | 71.36 | 94.80 | 103.32 |
| | 2 | 101.53 | 85.88 | 110.86 | 121.57 |
| | 3 | 115.15 | 99.76 | 125.53 | 137.88 |
| WT | 1 | 73.88 | 56.89 | 87.42 | 83.28 |
| | 2 | 82.85 | 66.33 | 92.83 | 89.53 |
| | 3 | 94.72 | 75.60 | 94.12 | 101.67 |
| BP | 1 | 52.63 | 44.30 | 62.24 | 82.07 |
| | 2 | 72.68 | 65.41 | 79.71 | 107.08 |
| | 3 | 103.17 | 96.36 | 109.36 | 124.70 |

**表 3-4　滚动多步预测误差 MAPE (NREL)**

| 预测方法 | 预测步长/h | 春 | 夏 | 秋 | 冬 |
|---|---|---|---|---|---|
| VMD-LSTM | 1 | 0.034 | 0.027 | 0.036 | 0.042 |
| | 2 | 0.035 | 0.028 | 0.039 | 0.042 |
| | 3 | 0.038 | 0.036 | 0.040 | 0.047 |
| PER | 1 | 0.107 | 0.114 | 0.097 | 0.088 |
| | 2 | 0.146 | 0.149 | 0.134 | 0.147 |
| | 3 | 0.199 | 0.203 | 0.187 | 0.197 |
| WT | 1 | 0.075 | 0.069 | 0.074 | 0.065 |
| | 2 | 0.124 | 0.099 | 0.103 | 0.093 |
| | 3 | 0.143 | 0.137 | 0.129 | 0.126 |
| BP | 1 | 0.065 | 0.067 | 0.071 | 0.067 |
| | 2 | 0.136 | 0.127 | 0.120 | 0.130 |
| | 3 | 0.169 | 0.155 | 0.157 | 0.156 |

**表 3-5　滚动多步预测误差 RMSE (NREL)**

| 预测方法 | 预测步长/h | 春 | 夏 | 秋 | 冬 |
|---|---|---|---|---|---|
| VMD-LSTM | 1 | 83.87 | 64.46 | 81.44 | 82.11 |
| | 2 | 84.86 | 68.17 | 86.02 | 84.72 |
| | 3 | 97.79 | 92.70 | 88.97 | 88.44 |
| PER | 1 | 268.05 | 234.93 | 220.65 | 212.94 |
| | 2 | 345.28 | 289.37 | 247.48 | 231.88 |
| | 3 | 367.91 | 338.89 | 288.37 | 293.70 |
| WT | 1 | 186.90 | 166.09 | 159.08 | 190.37 |
| | 2 | 239.48 | 191.08 | 182.10 | 225.98 |
| | 3 | 289.38 | 257.31 | 231.39 | 277.36 |

续表

| 预测方法 | 预测步长/h | 春 | 夏 | 秋 | 冬 |
|---|---|---|---|---|---|
| BP | 1 | 177.91 | 154.77 | 151.37 | 185.56 |
| | 2 | 247.08 | 202.65 | 203.57 | 235.83 |
| | 3 | 310.50 | 287.33 | 279.65 | 288.73 |

从表 3-2、表 3-3 中的数据可以看出，VMD-LSTM 的预测误差远小于另外 3 种方法。误差 MAPE 最大值为 0.033，最小值为 0.014。表 3-4、表 3-5 中利用另外一个数据源 NREL 的计算结果可以看出同样的结论。VMD-LSTM 的预测误差 MAPE 的最大值为 0.047，最小值 0.027。相比其他 3 种方法，随着预测步长的增加，VMD-LSTM 的预测精度最高，且预测误差增大最不明显。

PER 方法用前几个时刻的数据加权平均作为下一个时刻的预测值，是最简单的一种预测方法。该预测方法会有明显的滞后问题，且随着预测步长的增加，前后风电功率数据在数值上的联系越来越微弱，PER 的预测误差会越来越大。如春季时，ELIA 数据提前 1 h 预测的 MAPE 误差为 0.091，而提前 3h 预测的误差已经达到了 0.150；NREL 数据提前 1 h 的预测误差 MAPE 为 0.107，提前 3 h 增加到 0.199。这些结果都说明了 PER 方法多步预测的能力有限。

WT 方法对风电功率信号进行小波分解，通常分解为 4 层、8 层等，然后用神经网络学习。该方法 ELIA 春季数据 3 个提前步长的预测误差分别为 0.054、0.072 和 0.082，低于 PER 的预测误差，高于本章所提方法。利用 NREL 数据也有同样的结论。尽管 WT 方法先分解功率信号，再用网络学习的思路与本章方法类似，但是小波分解频段是固定的，VMD 的分解频段是基于对信号的分析后最优选取的，因而 VMD 能分解出更反映风电功率特性的模态分量，从而使预测精度更高。

BP 方法利用神经网络直接学习风电功率数据。该方法 ELIA 春季数据 3 个提前步长的预测误差 MAPE 分别为 0.052、0.077 和 0.108，NREL 的 MAPE 分别为 0.065、0.136 和 0.169。在预测步长较短时的预测效果尚可，稍好于 WT 方法。但是预测步长增加时，误差急剧增加。预测步长增加后，需要预测的数据离当前时刻较远，样本之间的联系也较弱。对于 BP 网络来说，距离较长样本间的学习能力较弱。LSTM 中所具有的长短记忆单元，能够记忆并识别较长时间范围内的特征，因而在预测步长增加时依然保持较好的预测效果。

2. 实时多步预测

本节中，利用本章方法连续预测 16 步风电功率数据，即一次预测未来 4 h，16 个时刻的风电功率数据。PER 方法由于本身原理，难以实现一次多个时刻的预测，因而在本小节中不再使用该方法。WT 和 BP 可以通过修改网络结构为多输出，实现一次多个数值的预测输出。ELIA 网站 2017 年 12 月 15 日和 2017 年 6 月 15 日

0:00~4:00 16 个点的预测值与实际值如图 3-10、图 3-11 所示。NREL 网站 2012 年 9 月 1 日和 2012 年 3 月 1 日 18:00~22:00 16 个点的预测值与实际值如图 3-12、图 3-13 所示。

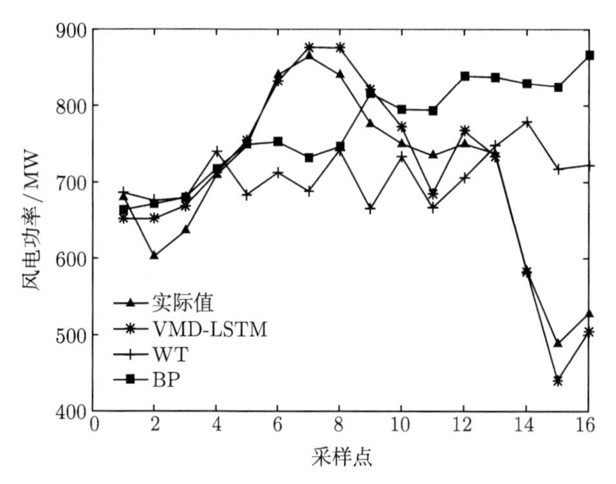


图 3-10　2017 年 12 月 15 日 0:00 开始 16 个点预测值与实际值 (ELIA)

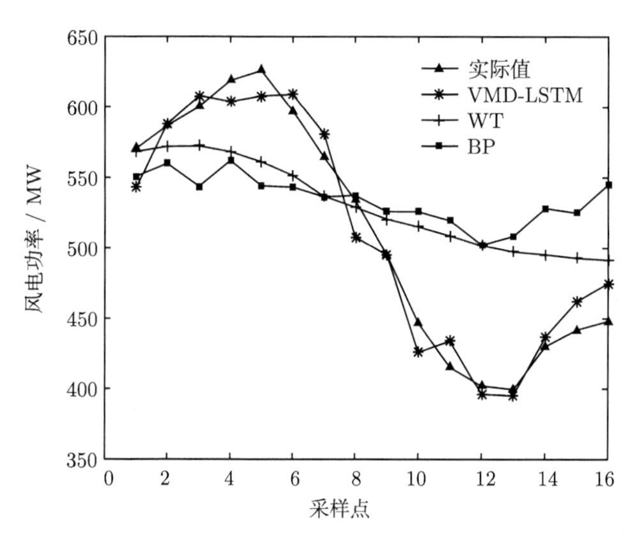


图 3-11　2017 年 6 月 15 日 0:00 开始 16 个点预测值与实际值 (ELIA)

这 4 张图说明本章提出的 VMD-LSTM 方法能够较好地预测未来 16 个时刻的风电功率，而另外两种方法 WT 和 BP，在刚开始的几个时刻均能够较好地预测，随着预测点数的增加，待预测时刻距离当前时刻越来越远，预测值越来越偏离实际值。如图 3-10 中的第 1~6 时刻，三种方法基本能预测出功率的上升趋势，而到了第 7~16 时刻，风电功率出现了较大的波动，VMD-LSTM 由于对功率信号的长期量、波动量和随机量分别进行了学习，且模型中存有长期的记忆，因而可以以较小的偏差跟随这个变化，而 WT 和 BP 完全无法预测出这些波动。另外 3 幅图也说明了同样的结果。

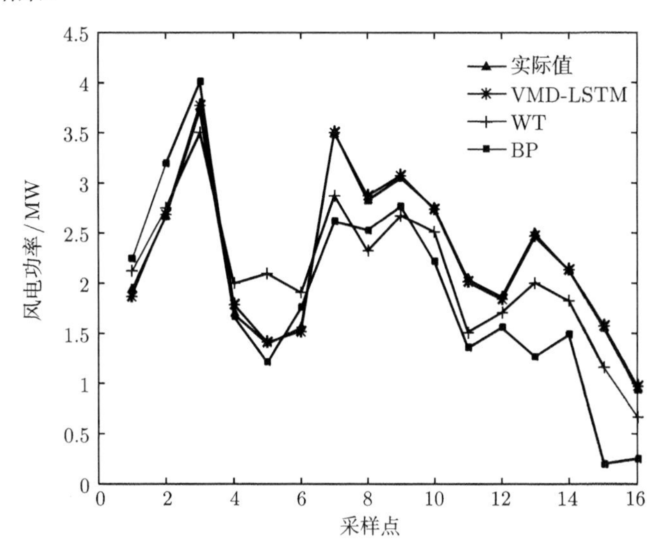


图 3-12 2012 年 9 月 1 日 18:00 开始 16 个点预测值与实际值 (NREL)

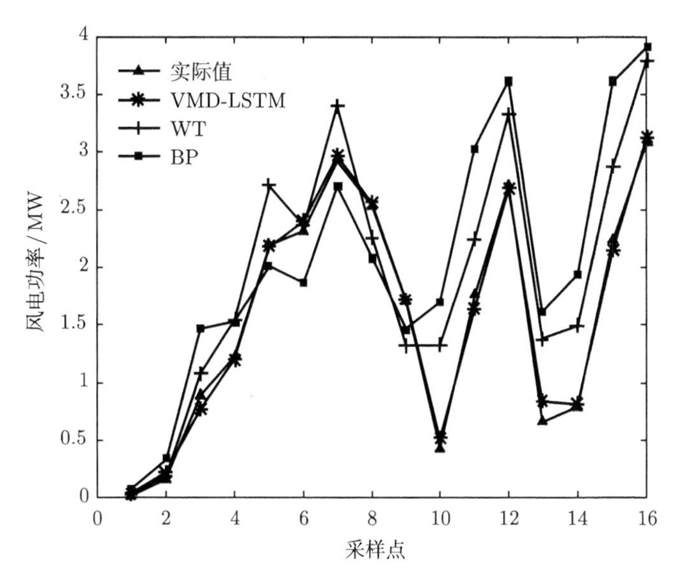


图 3-13 2012 年 3 月 1 日 18:00 开始 16 个点预测值与实际值 (NREL)

ELIA 网站数据 2017 年每个月 15 日 0:00~4:00 的 16 个点预测误差 MAPE 最大值 (MAX)、最小值 (MIN) 和平均值 (AVG) 如表 3-6 所示，3 种方法 16 次预测的误差平均值的雷达图如图 3-14 所示。NREL 网站 2012 年每个月 1 日 18:00~22:00 的 16 个点预测误差数据如表 3-7 所示，雷达图如图 3-15 所示。

**表 3-6　16 个点预测误差统计表**(ELIA)

| 步长 | VMD-LSTM | | | WT | | | BP | | |
|---|---|---|---|---|---|---|---|---|---|
| | MAX | MIN | AVG | MAX | MIN | AVG | MAX | MIN | AVG |
| 1 | 0.055 | 0.006 | 0.018 | 0.008 | 0.004 | 0.006 | 0.039 | 0.009 | 0.024 |
| 2 | 0.071 | 0.002 | 0.031 | 0.105 | 0.029 | 0.072 | 0.098 | 0.020 | 0.057 |
| 3 | 0.048 | 0.016 | 0.020 | 0.195 | 0.055 | 0.104 | 0.198 | 0.064 | 0.124 |
| 4 | 0.049 | 0.004 | 0.027 | 0.237 | 0.045 | 0.127 | 0.202 | 0.012 | 0.108 |
| 5 | 0.036 | 0.011 | 0.026 | 0.127 | 0.091 | 0.105 | 0.160 | 0.002 | 0.104 |
| 6 | 0.035 | 0.012 | 0.027 | 0.182 | 0.089 | 0.151 | 0.203 | 0.106 | 0.144 |
| 7 | 0.033 | 0.017 | 0.025 | 0.299 | 0.054 | 0.201 | 0.273 | 0.055 | 0.172 |
| 8 | 0.050 | 0.015 | 0.033 | 0.243 | 0.010 | 0.131 | 0.272 | 0.007 | 0.138 |
| 9 | 0.064 | 0.020 | 0.034 | 0.249 | 0.049 | 0.152 | 0.297 | 0.057 | 0.138 |
| 10 | 0.041 | 0.030 | 0.036 | 0.382 | 0.024 | 0.180 | 0.449 | 0.064 | 0.222 |
| 11 | 0.071 | 0.021 | 0.032 | 0.523 | 0.097 | 0.268 | 0.656 | 0.084 | 0.315 |
| 12 | 0.064 | 0.013 | 0.046 | 0.711 | 0.063 | 0.323 | 0.753 | 0.126 | 0.359 |
| 13 | 0.079 | 0.023 | 0.039 | 0.757 | 0.015 | 0.321 | 0.829 | 0.143 | 0.395 |
| 14 | 0.049 | 0.037 | 0.045 | 0.634 | 0.128 | 0.346 | 0.734 | 0.193 | 0.425 |
| 15 | 0.072 | 0.040 | 0.053 | 0.679 | 0.100 | 0.368 | 0.762 | 0.163 | 0.468 |
| 16 | 0.073 | 0.034 | 0.060 | 0.811 | 0.085 | 0.391 | 0.907 | 0.190 | 0.526 |

**表 3-7　16 个点预测误差统计表**(NREL)

| 步长 | VMD-LSTM | | | WT | | | BP | | |
|---|---|---|---|---|---|---|---|---|---|
| | MAX | MIN | AVG | MAX | MIN | AVG | MAX | MIN | AVG |
| 1 | 0.072 | 0.001 | 0.020 | 0.111 | 0.037 | 0.086 | 0.226 | 0.012 | 0.074 |
| 2 | 0.042 | 0.006 | 0.023 | 0.271 | 0.035 | 0.107 | 0.211 | 0.034 | 0.082 |
| 3 | 0.046 | 0.002 | 0.027 | 0.189 | 0.012 | 0.116 | 0.295 | 0.024 | 0.081 |
| 4 | 0.041 | 0.007 | 0.029 | 0.221 | 0.004 | 0.133 | 0.201 | 0.021 | 0.124 |
| 5 | 0.033 | 0.013 | 0.026 | 0.263 | 0.006 | 0.166 | 0.455 | 0.002 | 0.139 |
| 6 | 0.051 | 0.000 | 0.030 | 0.242 | 0.008 | 0.192 | 0.433 | 0.023 | 0.185 |
| 7 | 0.073 | 0.011 | 0.034 | 0.278 | 0.038 | 0.231 | 0.472 | 0.063 | 0.210 |
| 8 | 0.098 | 0.007 | 0.042 | 0.310 | 0.106 | 0.209 | 0.554 | 0.120 | 0.186 |
| 9 | 0.090 | 0.021 | 0.054 | 0.279 | 0.137 | 0.249 | 0.358 | 0.085 | 0.266 |
| 10 | 0.089 | 0.007 | 0.060 | 0.409 | 0.226 | 0.301 | 0.547 | 0.065 | 0.336 |
| 11 | 0.094 | 0.008 | 0.051 | 0.536 | 0.202 | 0.406 | 0.685 | 0.134 | 0.440 |
| 12 | 0.097 | 0.004 | 0.054 | 0.680 | 0.210 | 0.442 | 0.783 | 0.095 | 0.464 |
| 13 | 0.101 | 0.003 | 0.057 | 0.657 | 0.174 | 0.434 | 0.803 | 0.233 | 0.509 |
| 14 | 0.120 | 0.030 | 0.065 | 0.585 | 0.257 | 0.431 | 0.772 | 0.122 | 0.531 |

续表

| 步长 | VMD-LSTM | | | WT | | | BP | | |
|---|---|---|---|---|---|---|---|---|---|
| | MAX | MIN | AVG | MAX | MIN | AVG | MAX | MIN | AVG |
| 15 | 0.124 | 0.032 | 0.069 | 0.677 | 0.255 | 0.438 | 0.792 | 0.179 | 0.524 |
| 16 | 0.147 | 0.036 | 0.074 | 0.667 | 0.117 | 0.383 | 0.809 | 0.241 | 0.531 |

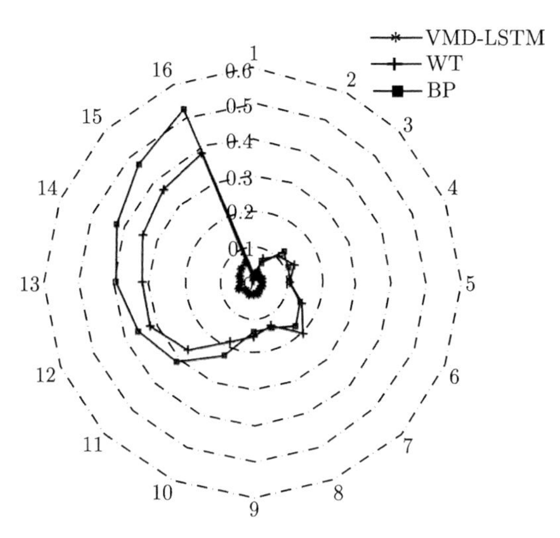


图 3-14 三种方法预测误差平均值雷达图 (ELIA)

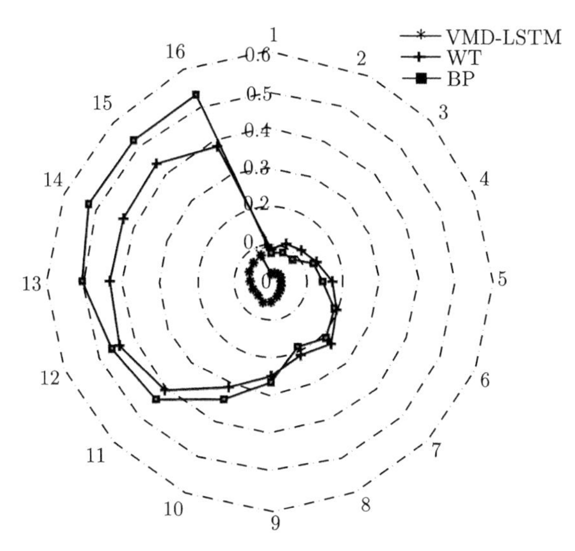


图 3-15 三种方法预测误差平均值雷达图 (NREL)

由表 3-6 和表 3-7 可以看出，一次预测 16 个数据时，随着预测点数的增加，WT

和 BP 预测误差逐渐增大，采用 ELIA 数据时，在第 16 个点的预测误差平均值达到了 0.391 和 0.526。采用 NREL 数据时，在第 16 个点的预测误差平均值也达到了 0.383 和 0.531。可以说，WT 和 BP 基本不可能完成一次 16 个点的预测。而 VMD-LSTM 的预测误差随着预测点数的增加略有增加，但是变化不是很明显。通过图 3-14 和图 3-15 也可以看出来，预测点数增加时，VMD-LSTM 的预测误差变化较小，维持在 0.1 以内。4 h 的时间周期可以涵盖风电系统绝大多数的爬坡事件。因此通过 VMD-LSTM 的准确预测，可以判断未来 4 h 内的爬坡事件，对于电力系统调度具有重大意义。

## 3.5 本章小结

本章利用 VMD 对风电功率进行 3 层分解，得到代表风电信号中长期特性、波动特性和随机特性的模态分量。针对不同的风电模态分量，构建具有长短记忆能力的 LSTM 预测模型，利用 LSTM 对风电功率模态分量的深度学习使预测模型具有较长间隔样本间的映射能力。仿真结果表明，本章提出的 VMD-LSTM 方法具有较好的滚动多步预测和实时多步预测能力，从而为电网实时调度、风电爬坡事件识别等提供基础 [19]。

### 参考文献

[1] Bhaskar K, Singh S N. AWNN-assisted wind power forecasting using feed-forward neural network. IEEE Transactions on Sustainable Energy, 2012, 3(2): 306-315.

[2] 王丽婕, 冬雷, 胡国飞, 等. 基于多嵌入维数的风力发电功率组合预测模型. 控制与决策, 2010, 25(4): 577-581.

[3] Li H, Romero C E, Zheng Y. Wind power forecasting based on principle component phase space reconstruction. Renewable Energy, 2015, 81: 737-744.

[4] Sun W, Wang Y W. Short-term wind speed forecasting based on fast ensemble empirical mode decomposition, phase space reconstruction, sample entropy and improved back-propagation neural network. Energy Conversion and Management, 2018, 157: 1-12.

[5] Ye R, Suganthan P N, Srikanth N. A novel empirical mode decomposition with support vector regression for wind speed forecasting. IEEE Transactions on Neural Networks and Learning Systems, 2016, 27(8): 1793-1798.

[6] Chuan J Y, Li Y L, Zhang M J. Comparative study on three new hybrid models using elman neural network and empirical mode decomposition based technologies improved by singular spectrum analysis for hour-ahead wind speed forecasting. Energy Conversion and Management, 2017, 147: 75-85.

[7] 张亚超, 刘开培, 秦亮, 等. 基于聚类经验模态分解–样本熵和优化极限学习机的风电功率多步区间预测. 电网技术, 2016, 40(7): 2045-2051.

[8] Santhosh M, Venkaiah C, Kumar D M V. Ensemble empirical mode decomposition based adaptive wavelet neural network method for wind speed prediction. Energy Conversion and Management, 2018, 168: 482-493.

[9] Abdoos A A. A new intelligent method based on combination of VMD and ELM for short term wind power forecasting. Neurocomputing, 2016, 203: 111-120.

[10] Zhang C, Zhou J Z, Li C S, et al. A compound structure of ELM based on feature selection and parameter optimization using hybrid backtracking search algorithm for wind speed forecasting. Energy Conversion and Management, 2017, 143: 360-376.

[11] 梁智, 孙国强, 李虎成, 等. 基于 VMD 与 PSO 优化深度信念网络的短期负荷预测. 电网技术, 2018, 42(2): 598-606.

[12] Dragomiretskiy K, Zosso D. Variational Mode Decomposition. IEEE Transactions on Signal Processing, 2014, 62(3): 531-544.

[13] Elia. Wind power generation data. http://www.elia.be/en/grid-data/power-generation/wind-power, [2020-06-06].

[14] 杨茂, 黄宾阳, 江博. 基于概率分布量化指标和灰色关联决策的风电功率实时预测研究. 中国电机工程学报, 2017, 37(24): 7099-7108.

[15] Liu H, Mi X W, Li Y F. Wind speed forecasting method based on deep learning strategy using empirical wavelet transform, long short term memory neural network and Elman neural network. Energy Conversion and Management, 2018, 156: 498-514.

[16] Hu Y L, Liang C. A nonlinear hybrid wind speed forecasting model using LSTM network, hysteretic ELM and Differential Evolution algorithm. Energy Conversion and Management, 2018, 173: 123-142.

[17] 国家能源局. 风电场功率预测预报管理暂行办法. 太阳能, 2011, (14): 6-7.

[18] National Renewable Energy Laboratory. Wind Integration Data Sets. https://www.nrel.gov/grid/wind-integration-data.html, [2020-06-06].

[19] Han L, Zhang R C, Wang X S, et al. Multi-step wind power forecast based on VMD-LSTM. IET Renewable Power Generation, 2019, 13(10): 1690-1700.

# 第4章　基于改进长短记忆网络的风电功率预测

## 4.1　引　　言

深度学习技术近年来得到了迅速的发展，在风电预测领域受到越来越多的关注。递归神经网络 (recurrent neural network，RNN) 是深度学习网络的一种，网络结构中有递归环节，在学习时可以考虑前后样本之间的关系，特别适合应用在时序信号的处理中。因其具有梯度爆炸和梯度消失的问题，近年来出现了不同的改进方式，其中的代表是长短记忆 (long short-term memory，LSTM) 网络，在语音识别领域和时序信号预测等方面均有应用 [1−4]。文献 [3] 提出了一种 LSTMDE-HELM 模型，结合了 LSTM 和 hysteretic ELM(HELM) 用于风速预测。文献 [4] 提出了基于 RNN 和 SVR 的风速预测结构。文献 [5] 提出用经验小波分解方法分解原始风速序列，并结合 LSTM 及 Elman 神经网络用于风速预测。文献 [6] 提出多变量堆叠模型预测短期风速。文献 [7] 提出基于 LSTM 的多时间尺度模型。这些方法利用经典的 LSTM 结构，仅将其引入风电或者风速预测值。近两年，对 LSTM 的改进引起了较多关注。文献 [8,9] 中提出 LSTM+ESN 模型，增加了 2 个窥视孔，删除了输入门，可放大遗忘门的影响和增加算法的收敛速度。但是，这些 LSTM 的改进仅是针对网络结构本身，对于风电特性考虑较少。风电功率有着其特殊性，主要体现在：

(1) 风电功率信号具有较强的随机性。LSTM 预测模型从历史数据中寻找并建立输入和输出之间的映射关系，将信号中的随机分量和其他分量视作等同。而实际上风电功率的随机分量仅在短期起作用，在长期映射的时候不应再考虑随机分量。另外，包含随机成分的风电功率新样本不断被加入 LSTM 网络的记忆中，容易导致长期记忆的遗忘。

(2) 风电功率在很长的时间内具有相似性。风电功率在相同的季节表现出较强相似性，需要预测模型具有较长时间的记忆。当前 LSTM 在语音识别或者文本识别时大都仅需要考虑本句或者本段话，不需要保留较长周期内的记忆。

(3) 风电功率数据的一维性。LSTM 在语音识别中应用时提取语音时序信号特征，组成多维向量作为输入样本。而风电功率数据是一维信号，如何从一维风电功率数据提取出多维信号特征，并作为预测模型的输入样本也是需要考虑的新问题。

本章提出一种改进的长短记忆 (improved long short-term memory，ILSTM) 网络。比起传统的 LSTM 结构，ILSTM 可抑制风电功率信号中随机分量的长期记忆，将能够反映风电长期特性的分量记忆在网络中并传递下去，同时在输出时保持当前随机分量的短期记忆。这样可以强化网络对风电本质特性的学习，削弱对随机分量的过度学习，减少计算量，避免过拟合，从而使网络具有较好的泛化能力。

## 4.2 改进思路

LSTM 网络在学习过程中通过输入门将有价值的数据存入记忆，并将这个记忆长期存储在网络结构中。但是风电功率数据中含有较多的随机分量，这些随机分量在短时间内来看是风电输出的一部分，需要记住，但是长期来看，这部分随机分量不需要记忆。另外，波动性在较长的时间周期内是风电特性的一部分，需要保持记忆。因此在改进的预测方法中，首先将风电信号进行分离，提取随机分量和波动分量，并在网络学习中抑制随机分量的长期记忆，保持随机分量的短期记忆。

## 4.3 改进长短记忆网络结构

改进后的 LSTM(ILSTM) 网络结构如图 4-1 所示，改进主要分为 3 个部分，网络输入部分、记忆单元部分和输出单元部分，见图 4-1 中的阴影部分。LSTM 的基本原理见本书第 3 章，本章仅介绍改进的部分。

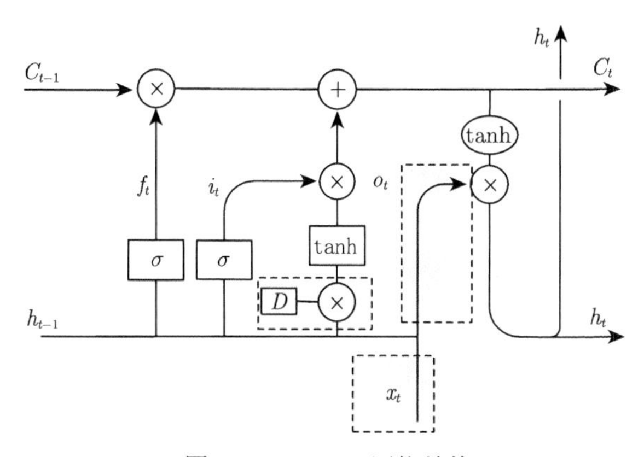


图 4-1 ILSTM 网络结构

### 4.3.1 网络输入

风电功率信号为一维时间序列，在基于统计模型的风电预测方法中，当前常采用基于滑动窗的数据组成样本作为模型输入。假设当前时刻为 $t$，风电功率为 $P_t$，滑动时间窗宽度为 $n$，则输入样本为 $n$ 维的 $\boldsymbol{x}_t$：

$$\boldsymbol{x}_t = (P_{t-n+1}, P_{t-n+2}, \cdots, P_t) \tag{4-1}$$

预测模型输出即为风电功率的预测值。预测模型辨识并学习输入样本中代表的模式，建立输入输出样本之间的映射关系，从而使网络模型具备预测能力。

本章利用 VMD 分解风电功率信号，以分解后的各个模态分量作为当前时刻的输入样本。VMD 可以根据信号本身特性选择最优化的分解方案，基本原理可以参考文献 [10]，此处不再赘述。利用 VMD，每个时刻的风电功率信号分解成 3 个分量。比起原始信号，分解得到的 3 个分量更明确地展示了风电功率的特性。第一层分量 $P_1$ 可以认为是代表风电的长期波动量，第二层分量 $P_2$ 可以认为是短期波动量，而第三层分量 $P_3$ 则接近于随机信号。这 3 个分量分别从波动性和随机性展示了风电功率。因此，可以利用 3 个模态分量组成多维样本作为预测模型的输入，$t$ 时刻的输入样本如式 (4-2) 所示：

$$\boldsymbol{x}_t = \left(P_t^1, P_t^2, P_t^3\right) \tag{4-2}$$

改进前后的输入样本如图 4-2 所示，图 4-2(a) 为采用若干个时刻的风电功率值 (见式 (4-1)) 作为输入样本，图 4-2(b) 所示为采用当前时刻的 VMD 分量 (见式 (4-2)) 作为输入样本。

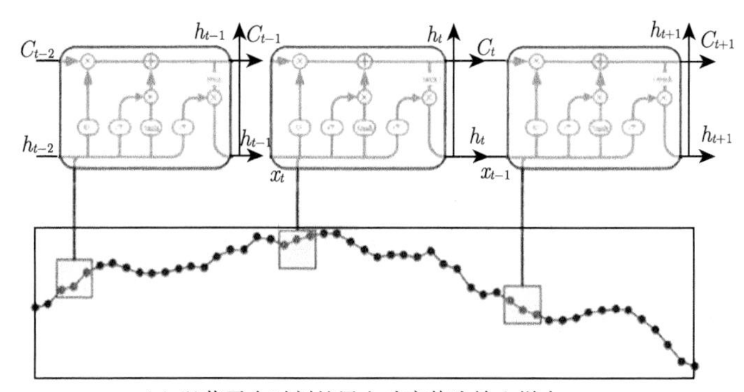


(a) 以若干个时刻的风电功率值为输入样本

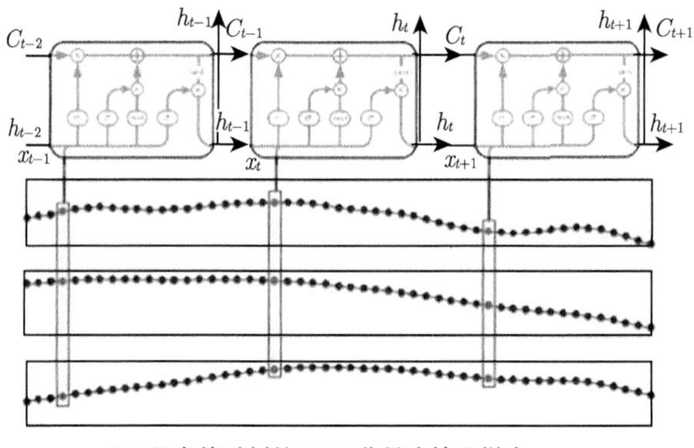


(b) 以当前时刻的VMD分量为输入样本

图 4-2 输入样本

采用 VMD 分解后的多维数据作为输入样本，具有以下优势。

(1) 采用 VMD 分解后可以获取物理意义较明确的分量，能够在不同角度反映风电功率信号的特性，有利于后面预测模型辨识并学习风电功率信号的内在特性，强化网络的学习效果。尤其是 VMD 将包含较多随机分量的高频信号分解出来，为在长期记忆中抑制后续的随机信号提供基础。

(2) 利用一段风电功率数据作为输入样本的现有方法，可以使预测模型学习到输入样本内隐含的时间上的关联。但是这种输入包含的是一段时间的风电特性，而不是当前时刻的特性。采用 VMD 分解后的 3 个分量是同一时刻的数据，将其作为输入更能代表当前时刻的特性。至于输入样本在时间上的关联，可以通过 LSTM 自身的长短记忆功能去获取。

### 4.3.2 记忆单元

LSTM 在训练过程中，通过带有时间标签样本的不断输入，逐渐更新内部网络状态 $C$。当输入样本 $x$ 和上一时刻网络输出 $h$ 相差较大时，说明有新的模式输入，需要较大程度地遗忘原网络状态 $C$。与语音信号不同的是，风电信号中含有较大的随机分量，如果依据含有较强随机分量的风电功率信号选择遗忘或者保持网络记忆，容易造成网络重要记忆的误删。因此，本章提出在网络模型中增加随机分量抑制功能，减少随机分量进入长期记忆，网络记忆 $C$ 的表达式由式 (3-8) 变为式 (4-3)。

$$C_t' = f_t \odot C_{t-1} + i_t \odot \phi(\boldsymbol{W}_{ch} h_{t-1} + \boldsymbol{W}_{cx}(\boldsymbol{x}_t \cdot \boldsymbol{D}) + \boldsymbol{b}_c) \tag{4-3}$$

式中，$\boldsymbol{D}$ 为随机分量抑制矩阵，$\boldsymbol{D}=(1\ 1\ \alpha)$，$0\leqslant\alpha\leqslant 1$。

相比较式 (3-8)，式 (4-3) 中的网络输入 $\boldsymbol{x}_t$ 在进入长期记忆单元前增加与 $\boldsymbol{D}$ 内积的运算。在 VMD 的三层分解结果中，随机量主要存在于第三层分量。$\boldsymbol{D}$ 设计成 $(1\ 1\ \alpha)$，可以使前两层分量直接通过进入长期记忆部分，第三层分量乘以 $\alpha$ 后进入，大小被抑制。$\alpha$ 体现了网络对随机分量的抑制强度。$\alpha$ 的取值与风电信号中的随机分量含量有关，随机性强的时候，$\alpha$ 取值较小，如果 $\alpha$ 取 0，则随机分量被完全消除，不进入长期记忆。随机性弱的时候，$\alpha$ 取值较大，如果 $\alpha$ 取 1，则随机分量完全进入长期记忆。

目前尚未有公认的衡量风电随机性的指标，本章提出一种依据预测误差的风电随机性评估指标。纯粹的随机行为是不可预测的，当风电功率信号中含有的随机量较强时，必然带来预测误差增大，因此本章预测误差作为 $\alpha$ 取值依据，$\alpha$ 的定义如式 (4-4)：

$$\alpha = 1 - \text{error} \times 10 \tag{4-4}$$

式中，$\text{error} = \begin{cases} 0.1, & \text{MAPE} > 10\% \\ \text{MAPE}, & 0 < \text{MAPE} \leqslant 10\% \end{cases}$。

### 4.3.3 输出单元

LSTM 的输出门将当前时刻网络输入 $\boldsymbol{x}_t$ 和上一个时刻的网络输出 $h_t$ 进行 sigmoid 运算，然后与网络记忆 $C_t$ 内积。经过 sigmoid 门运算使其拉伸或压缩，会损失部分信息。但是记忆 $C_t$ 中可以保留信号的全部信息，避免信息丢失。经过上一节的式 (4-3)，改进后的 ILSTM 网络记忆单元抑制了随机分量，因而 $C_t$ 对于风电功率信号的记忆是有选择的，换句话说记忆是不完整的。而随机性又是风电不可缺失的一部分，不能在输出中抑制随机性。为避免网络输出时随机分量的缺失，ILSTM 的输出门调整为

$$o_t' = \boldsymbol{W}_{ox}\boldsymbol{x}_t + \boldsymbol{b}_o \tag{4-5}$$

$$h_t' = o_t' \odot \phi\left(C_t'\right) \tag{4-6}$$

同式 (3-9) 相比，输出门将当前时刻的风电功率 $x_t$ 完全保留，仅进行权重和偏移计算，弥补了记忆单元 $C_t$ 中随机分量部分的缺失。也就是说，在长期记忆的时候抑制随机分量，但是在短期记忆时保留了随机分量。

本章对 LSTM 的改进是基于风电特性的，需要强调的是，这个改进后的模型未必适用于其他场合。例如语音识别，随机分量有可能在相似的段落中重复出现，因此在长期记忆中删除随机分量不合理。例如旋转机械故障诊断，振动信号的高频分量中包含了故障特征信号，这部分更不能被当成随机分量而被抑制。不同的信号特性适用不同的模型，本章提出的 ILSTM 仅适用于风电预测或其他和风电特性类似的时间序列的预测。

## 4.4 仿真研究

### 4.4.1 记忆单元状态分析

本小节通过分析记忆单元在样本学习过程中的状态，验证 ILSTM 对于随机分量的长期抑制和短期保留功能。ILSTM 网络为 3 输入，分别为 VMD 的 3 层分解结果。记忆单元为 17 个，输出为 1 个，即风电功率预测值。利用 ELIA 网站 2018 年 12 月的前 1000 个数据对网络进行训练 [11]。训练过程中，ILSTM 的 17 个记忆单元状态的值如图 4-3(a) 所示，LSTM 的 17 个记忆单元状态的值如图 4-3(b) 所示。将风电功率信号 3 层 VMD 分解后的结果去掉第三层随机部分，将前两层合并，作为 LSTM 的输入，网络为 2 输入、1 输出，网络训练中 17 个记忆单元状态的值见图 4-3(c)。将三种情况下 17 个记忆单元状态的值相加，结果如图 4-3(d) 所示。

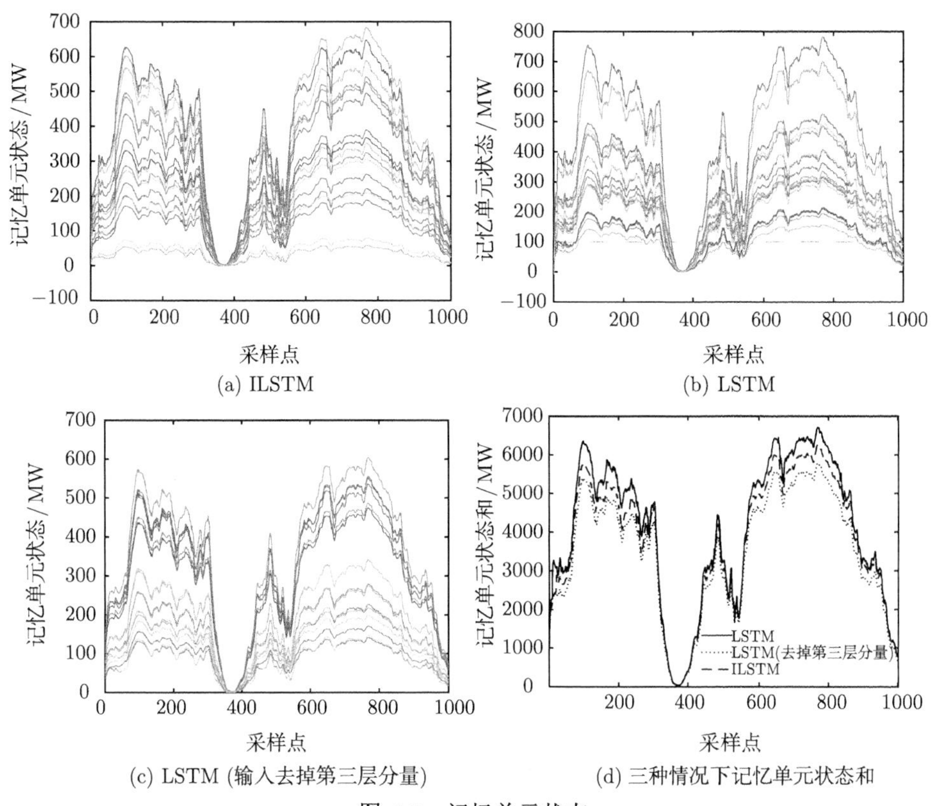

(a) ILSTM

(b) LSTM

(c) LSTM (输入去掉第三层分量)

(d) 三种情况下记忆单元状态和

图 4-3 记忆单元状态

图 4-3(a) 中 ILSTM 的 17 个记忆单元状态的值小于图 (b)、大于图 (c) 中的值。图 (d) 中 17 个值的和也同样可以看出这个结论。这是由于 ILSTM 在写入记忆单元的时候，抑制了随机分量，因此记忆单元的输出值要小于传统的 LSTM。另外，因为 ILSTM 在网络输出时保留了短期随机分量，即上一时刻的 $h_{t-1}$ 保留了短期随机分量，并且作用于记忆单元，因此记忆单元中并不完全是滤除随机分量的值。这也是图 4-3(a) 中的值略大于图 4-3(c) 的原因。从图 4-3 中可以看出，本章提出的 ILSTM 的记忆单元对长期随机分量的抑制，同时还保留了部分短期随机分量。

需要说明的是，本小节为了比较记忆单元状态的值，在图 4-3(d) 中显示的是记忆单元直接相加的结果。实际 LSTM 或者 ILSTM 工作时，输出门的输入是记忆单元状态值的加权求和，最终预测结果将在后文中给出。

### 4.4.2 网络学习与预测性能分析

本小节采用比利时 ELIA 网站 2018 年 12 月的数据对改进前后的网络预测性能进行对比，前 1000 个点数据用于训练，后 1000 个点数据用于测试。

首先研究网络的训练过程，训练目标 $1 \times 10^{-5}$，迭代次数上限 100 次，训练样本被归一化。对 1000 个训练样本的学习，ILSTM 总共迭代了 2349 次，LSTM 共迭代了 3175 次，训练过程中每个样本的迭代次数如图 4-4 所示。

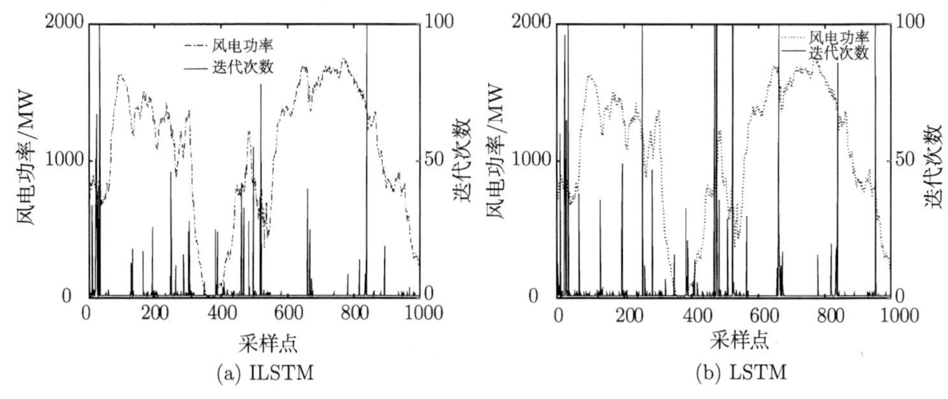


图 4-4 迭代次数

在训练样本发生较大变化时，网络模型需要更多的迭代次数来学习这个样本中隐含的新模式，调整各种参数。图 4-4(b) 中，LSTM 频繁地调整参数，因而迭代次数多。而图 4-4(a) 中，ILSTM 由于在模型输入时对随机分量进行抑制，因此主要在系统模式发生较大变化时调整参数，而对于一些随机变化调整较小，因此整体的训练迭代次数较小。如第 660 个样本风电功率出现了短时较大幅度振荡，LSTM 达到了 100 次迭代次数上限，而 ILSTM 仅需要迭代 40 次即达到精度要求。同样的情况还出现在第 254、465、954 等多个样本点。而在第 80~300 的采样点中，风电信号呈现出连续的波动，ILSTM 仅需要少量的迭代次数即可达到精度要求，而 LSTM 在这个过程中出现了多次的迭代次数激增。迭代次数的增加一方面会导致训练时间的增加，另一方面会带来过拟合问题。

利用 2018 年 12 月的后 1000 个点数据对预测模型进行测试，LSTM 预测误差 MAPE 为 0.0471，改进后 ILSTM 预测误差 MAPE 为 0.0239，预测的结果曲线如图 4-5 所示。

由图 4-5 中可以看出，LSTM 对于风电预测也有着较好的预测性能，预测误差可以达到 5%以内。但是，由于网络中对于风电历史信息的完全记忆，其在风电输出发生较大改变时跟随能力不足。而本章提出的 ILSTM 抑制历史随机信息在网络中的记忆，预测模型在模式突变时能够更快地响应。比如在第 450 个点附近，风电输出发生了较大的爬升，此时 LSTM 的预测误差相较 ILSTM 大一些。

因此，依据风电功率信号的特性，改进后的 ILSTM 在训练过程中，削弱随机分量的学习，加强核心模式的学习，从而降低网络训练时间，避免了过拟合，从而提高模型的精度。

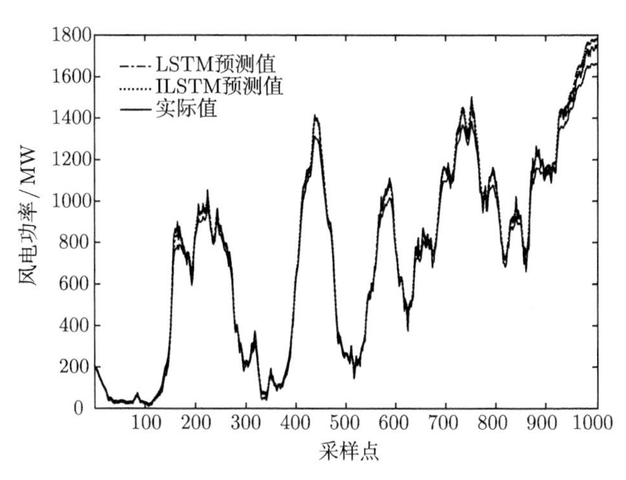


图 4-5 改进前后的预测结果

### 4.4.3 与其他预测方法比较

本节采用 ELIA 网站 2018 年 1~12 月数据，对比 BP、Elman 和标准 LSTM 等几种预测方法，分析 ILSTM 在多步预测方面的性能。利用每个月前 1000 个样本作为训练样本，后 1000 个样本作为测试样本，预测步长分别为 1 h、2 h、3 h 和 4 h，各种方法各个月份的预测误差 MAPE 和平均值如表 4-1 所示。

**表 4-1 各种方法各个月份预测误差 MAPE**

| 预测步长/h | 预测方法 | 1 月 | 2 月 | 3 月 | 4 月 | 5 月 | 6 月 | 7 月 | 8 月 | 9 月 | 10 月 | 11 月 | 12 月 | 平均值 |
|---|---|---|---|---|---|---|---|---|---|---|---|---|---|---|
| 1 | BP | 0.091 | 0.077 | 0.082 | 0.167 | 0.124 | 0.116 | 0.117 | 0.128 | 0.099 | 0.118 | 0.08 | 0.078 | 0.106 |
| | Elman | 0.080 | 0.082 | 0.081 | 0.148 | 0.125 | 0.116 | 0.112 | 0.118 | 0.087 | 0.117 | 0.076 | 0.080 | 0.102 |
| | LSTM | 0.055 | 0.059 | 0.053 | 0.043 | 0.071 | 0.048 | 0.078 | 0.084 | 0.064 | 0.078 | 0.057 | 0.069 | 0.063 |
| | ILSTM | 0.050 | 0.056 | 0.046 | 0.031 | 0.056 | 0.035 | 0.068 | 0.068 | 0.054 | 0.049 | 0.043 | 0.022 | 0.048 |
| 2 | BP | 0.124 | 0.082 | 0.098 | 0.268 | 0.177 | 0.252 | 0.141 | 0.120 | 0.140 | 0.162 | 0.086 | 0.104 | 0.146 |
| | Elman | 0.100 | 0.101 | 0.099 | 0.229 | 0.166 | 0.138 | 0.135 | 0.146 | 0.118 | 0.155 | 0.085 | 0.103 | 0.131 |
| | LSTM | 0.108 | 0.073 | 0.068 | 0.088 | 0.099 | 0.058 | 0.106 | 0.118 | 0.097 | 0.078 | 0.062 | 0.046 | 0.083 |
| | ILSTM | 0.077 | 0.067 | 0.055 | 0.066 | 0.069 | 0.049 | 0.072 | 0.097 | 0.082 | 0.069 | 0.045 | 0.038 | 0.066 |
| 3 | BP | 0.130 | 0.132 | 0.117 | 0.422 | 0.164 | 0.568 | 0.165 | 0.196 | 0.194 | 0.209 | 0.102 | 0.135 | 0.211 |
| | Elman | 0.136 | 0.129 | 0.133 | 0.291 | 0.199 | 0.218 | 0.152 | 0.193 | 0.224 | 0.196 | 0.097 | 0.131 | 0.175 |
| | LSTM | 0.155 | 0.239 | 0.088 | 0.118 | 0.120 | 0.079 | 0.142 | 0.118 | 0.125 | 0.134 | 0.071 | 0.083 | 0.123 |
| | ILSTM | 0.091 | 0.081 | 0.067 | 0.118 | 0.080 | 0.069 | 0.097 | 0.113 | 0.120 | 0.101 | 0.067 | 0.068 | 0.090 |
| 4 | BP | 0.211 | 0.156 | 0.176 | 0.461 | 0.214 | 0.587 | 0.175 | 0.193 | 0.176 | 0.260 | 0.127 | 0.183 | 0.243 |
| | Elman | 0.195 | 0.160 | 0.164 | 0.305 | 0.219 | 0.371 | 0.172 | 0.201 | 0.233 | 0.243 | 0.118 | 0.154 | 0.211 |
| | LSTM | 0.199 | 0.246 | 0.090 | 0.191 | 0.156 | 0.122 | 0.185 | 0.168 | 0.182 | 0.161 | 0.097 | 0.114 | 0.159 |
| | ILSTM | 0.125 | 0.104 | 0.081 | 0.133 | 0.130 | 0.113 | 0.122 | 0.129 | 0.164 | 0.129 | 0.083 | 0.097 | 0.119 |

BP 作为一种经典的神经网络预测模型，在一些月份的预测性能尚可，但是有些月份，如 4 月和 6 月的预测误差特别大，6 月 4 h 的预测误差甚至能超过 0.5。Elman 神经网络是一种典型的动态递归神经网络，能够存储和利用部分过去时刻的信息。但是其记忆机理较为简单，长期记忆能力较弱。因而在面对风电这种不确定性特别强的信号时，预测效果也不够理想。表中 1 h 的预测平均误差超过了 0.1。LSTM 是一种优秀的时序信号预测方法，在 1 h 和 2 h 的预测误差均在 0.1 以内。但是随着预测步长的增加，预测误差显著增大。而 ILSTM 方法在 12 个月中，单步的预测误差均显著小于其他 3 种方法。3 h 的预测误差平均值也小于 0.1，4 h 的误差略大于 0.1。通过表 4-1 中一整年的样本测试结果也可以看出，ILSTM 具有较好的泛化能力。

电力系统是一个供需实时平衡的系统，调度部门要依据每一时刻的风电预测值安排发电计划，因此单点预测误差对于调度同样重要。本章不但给出了一段时间的统计预测误差，如表 4-1 中的 MAPE，还分析了单点的预测误差分布。将 12 个月 1000 个测试样本的提前 1 h 预测值减去实际值，得到 1000 个点的单点预测误差，ILSTM 预测方法单点误差箱型图如图 4-6(a) 所示，LSTM 的箱型图如图 4-6(b) 所示。

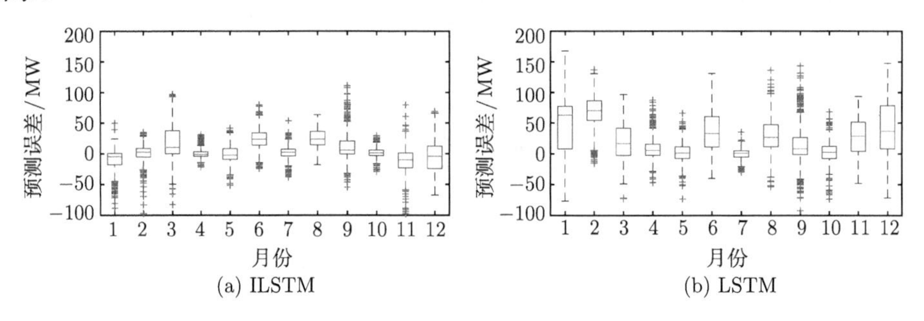

(a) ILSTM (b) LSTM

图 4-6 单点预测误差箱型图

由图 4-6 可以看出，在 1 月和 12 月时，LSTM 误差较大。其中 1 月的正误差超过了 150 MW，12 月的负误差接近 100 MW。而 ILSTM 在每个月的单点预测误差均在较小的范围内变化。这就说明了本章所提方法不但整体误差较小，单点预测误差同样也较小，这点对减少风电预测误差对电力系统的冲击尤为重要。

对于需要从样本中学习系统特征的神经网络来说，包含有效特征的样本数越多越好。用一整年的数据对网络训练将会取得很好的效果。风电功率具有明显的季节性，不同年份相同季节的数据特征具有一定的相似性。本节中的测试分析仅利用每个月的前 1000 个样本训练，后 1000 个数据测试。训练样本仅用 11 天的数据，测试结果已经能表明本章方法预测误差显著低于其他预测方法。对于风电场来说，获取十几天的风电数据是非常便利的。当然，如果训练样本数更大，将会使网络学习到更多的模式。本章研究的是一种可以深度学习风电特性的网络结构，在实际使用时，可以根据能获取的数据对网络训练。如果有大量的数据，如几年的数据，可以对网络进行更充分的训练。如果只能获取一两个月的数据，也可训练网络。随着时间的推移，可获取的数据量越来越大，可以按照季节或者月份对网络进行训练以获取更精确的预测模型。

## 4.5 本章小结

本章首先对风电功率信号进行 3 层 VMD 分解，获取风电功率信号的长期分量、短期波动分量和随机分量。接着改进 LSTM 结构，在记忆门前增加随机分量抑制矩阵，依据风电信号的随机性确定抑制程度，减小随机分量对网络长期记忆的干扰。去掉输出门，网络输出保留短期内随机分量，从而使改进后的 ILSTM 网络在学习风电功率信号时，将更能代表风电功率特性的分量通过记忆单元长期传递，具有明显时效性的随机分量在记忆单元中被抑制，使其仅影响当前输出。仿真结果表明基于改进后 ILSTM 的预测模型可更好地学习风电特性，避免因对随机分量学习而造成的过拟合，具有较好的泛化能力和较高的预测准确度 [12]。

## 参考文献

[1] Morchid M. Parsimonious memory unit for recurrent neural networks with application to natural language processing. Neurocomputing, 2018, 314: 48-64.

[2] Wu Y T, Mei Y, Dong S P, et al. Remaining useful life estimation of engineered systems using vanilla LSTM neural networks. Neurocomputing, 2018, 275: 167-179.

[3] Hu Y L, Chen L. A nonlinear hybrid wind speed forecasting model using LSTM network, hysteretic ELM and Differential Evolution algorithm. Energy Conversion and Management, 2018, 173: 123-142.

[4] Yu C J, Li Y L, Bao Y L, et al. A novel framework for wind speed prediction based on recurrent neural networks and support vector machine. Energy Conversion and Management, 2018, 178: 137-145.

[5] Liu H, Mi X W, Li Y F. Wind speed forecasting method based on deep learning strategy using empirical wavelet transform, long short term memory neural network and Elman neural network. Energy Conversion and Management, 2018, 156: 498-514.

[6] Liang S, Nguyen L H, Jin F. A multi-variable stacked long-short term memory network for wind speed forecasting//2018 IEEE International Conference on Big Data (Big Data). IEEE, 2018: 4561-4564.

[7] Araya I A, Valle C, Allende H. LSTM-based multi-scale model for wind speed forecasting//Iberoamerican Congress on Pattern Recognition. Springer, Cham, 2018: 38-45.

[8] Yu R G, Gao J, Yu M, et al. LSTM-EFG for wind power forecasting based on sequential correlation features. Future Generation Computer Systems, 2018, 93: 33-42.

[9] López E, Valle C, Allende H, et al. Wind power forecasting based on echo state networks and long short-term memory. Energies, 2018, 11(3): 526.

[10] Dragomiretskiy K, Zosso D. Variational mode decomposition. IEEE Transactions on Signal Processing, 2014, 62(3): 531-544.

[11] Elia. Wind power generation data. http://www.elia.be/en/grid-data/power-generation/wind-power, [2020-06-06].

[12] Han L, Jing H T, Zhang R C, et al. Wind power forecast based on improved long short term memory network. Energy, 2019, 189:116300.

# 第 5 章　基于字典学习的风电预测误差实时评估方法

## 5.1　引　　言

风电预测误差的评估方法多是根据历史误差数据，拟合其概率分布函数，从而得到不同置信区间的误差范围。不同学者得到的概率分布函数不尽相同，有高斯分布、组合高斯分布、$t$ 分布、$\beta$ 分布等。根据笔者的研究，预测误差概率分布函数受多种因素影响，如季节、安装位置、风机类型、预测方法等，很难找到一个确定的概率分布函数拟合预测误差。进一步讲，即使误差分布拟合结果合理，得到的也是统计意义上的误差评估值，难以反映风电的实时变化。如风速骤升骤降时一般预测误差较大，而利用概率分布函数方法是无法预估此时的实时误差的。为此，有学者对当前风电功率曲线进行分析，评估下一时刻的预测误差范围 [1]。文献 [2] 提出基于相似日的预测误差评估方法。这些方法使误差分析不再仅仅依赖于长期的历史统计数据，同时也兼顾风电功率实时数据。但是这些方法对于实时风电功率的描述简单地用陡峭度、方差、平均值等参数直接表达，无法保证这些参数对误差的敏感性，也就不能获得预测误差准确的评估结果。

字典学习是模式识别领域比较先进的特征值提取方式，能够用参数较少的稀疏矩阵表示复杂的系统 [3]。稀疏表示在系统辨识、图像压缩、消噪等领域得到了越来越多的重视 [4,5]，将字典学习方法用于风电预测误差特征提取是很好的尝试。

本章提出一种基于字典学习的预测误差实时评估方法 (error estimate method based on dictionary learning，EEDL)。根据风电功率数据，利用小波变换提取功率信号的高频及低频分量，加上风电预测功率、风电实际功率、风电预测误差方差、实际风电功率方差等组成误差评估参数。然后利用字典学习，获取这些评估参数的稀疏矩阵和字典。最后将这个稀疏矩阵作为输入，建立风电功率预测实时误差评估模型。

## 5.2　预测误差关联参数分析

预测误差评估模型的准确性很大程度上依赖于模型输入向量的选择，需要选择与误差关联性强的、对误差变化敏感的参数。因此，首先分析确定与预测误差相关性强的参数。预测误差受多种因素影响，这些影响因素隐藏在风电预测误差数据中。

预测误差的定义如式 (5-1)：

$$\mathrm{FE}(t)=P(t)-\hat{P}(t) \tag{5-1}$$

式中，$P(t)$ 是 $t$ 时刻风电功率实际值；$\hat{P}(t)$ 是 $t$ 时刻风电功率预测值。

下面分析可能与风电预测误差相关的几个参数，主要分两方面：第一是从历史数据中直接计算而来，第二是对历史数据小波分解得到。

1. 直接获取的参数

这类参数包括风电功率实际值 (actual output power，AOP)、预测值 (forecast output power，FOP)、预测误差方差 (forecast error variance，FEV) 和实际值方差 (actual output power variance，AOV)。FEV 和 AOV 的定义见式 (5-2) 和式 (5-3)。

$$\mathrm{FEV}(t)=\sqrt{\frac{1}{n}\sum_{i=1}^{n}(\mathrm{FE}(i\,|t)-\overline{\mathrm{FE}})^2} \tag{5-2}$$

式中，$n$ 是历史数据个数；FEV$(t)$ 表示时刻 $t$ 之前一段时间 (包含 $n$ 个数据点) 的预测误差方差。

$$\mathrm{AOV}(t)=\sqrt{\frac{1}{n}\sum_{i=1}^{n}(\mathrm{AOP}(i\,|t))} \tag{5-3}$$

式中，AOP$(t)$ 表示时刻 $t$ 之前一段时间 (包含 $n$ 个数据点) 的风电功率实际值。

有研究表明，风电输出功率 AOP 大时，预测误差也较大，FOP 与预测误差的关系类同于 AOP。FEV 反映了预测误差的方差。当风速波动较小时，预测误差也会比较小；当风速变化剧烈时，预测误差也会很大。FEV 可以同时反映出天气情况和预测方法性能。AOV 可以反映天气状况。当天气条件平稳时，AOV 较小，反之较大。

2. 小波分解的参数

前面介绍的几个参数是从风电功率时域信号中直接计算而来，接下来通过小波方法将风电数据分解为多个分量，从频域方面分析风电功率。通过小波变换，风电信号 $w(t)$ 可以用式 (5-4) 表示 [6]：

$$w(t)=\sum_{k}c_{j0}(k)2^{\frac{j0}{2}}\varphi\left(2^{j0}t-k\right)+\sum_{k}\sum_{j=j0}^{\infty}d_j(k)2^{\frac{j}{2}}\psi(2^{j}t-k) \tag{5-4}$$

式中，$\psi(t)$ 为小波函数 (母小波)；$\varphi(t)$ 为尺度函数 (父小波)；$d$ 为小波展开系数；$c$ 为尺度展开系数 [7,8]。式 (5-4) 等号右端第一项为低频分量，第二项为高频分量。对于风电信号，第一项表示长期趋势，第二项反映的主要是风电信号的随机特性。通过小波变换，将风电信号分解为不同频域的多个分量，作为预测误差的评估参数。

## 5.3 基于字典学习的误差关联参数处理

字典学习可以用很少的数据加上字典来表示很复杂的数据形式，同时能够保持样本的多样性和代表性。本方法利用字典学习对上述参数进行预处理，获得稀疏表示，并利用稀疏表示结果作为评估模型的输入，以提高模型输入参数对误差的敏感性。

信号可以表示为少量字典原子的线性组合，字典学习方法通过优化相应的字典学习目标函数，获得能够对信号进行稀疏表示的字典。信号 $\boldsymbol{Y}$ 可以近似表示为式 (5-5)[3]：

$$\boldsymbol{Y} = \boldsymbol{D}\boldsymbol{X} + \varepsilon = \sum_{j=1}^{M} \boldsymbol{d}_j \cdot x_j + \varepsilon \tag{5-5}$$

式中，$\boldsymbol{Y} \in \boldsymbol{R}^N$ 为输入信号；$\boldsymbol{D} \in \boldsymbol{R}^{N\times M}$ 为字典矩阵；$M$ 称为字典的词汇量；$\boldsymbol{X} \in \boldsymbol{R}^{M\times N}$ 则是样本 $\boldsymbol{Y}$ 的稀疏表示。

字典学习的目标函数是

$$\min\left\{\|\boldsymbol{Y} - \boldsymbol{D}\boldsymbol{X}\|_{\mathrm{F}}^2\right\} \quad \text{s.t. } \forall i, \|x_i\| \leqslant T_0 \tag{5-6}$$

式 (5-6) 表明要在 $\boldsymbol{X}$ 尽量稀疏的条件下使信号的重构误差最小。$T_0$ 越小，重构误差越小。稀疏表示求解方法中，最经典的是 K-SVD 方法。K-SVD 的求解是一个迭代过程。首先，假设字典 $\boldsymbol{D}$ 是固定的，用 MP、OMP、BP 等算法，可以得到字典 $\boldsymbol{D}$ 时 $\boldsymbol{Y}$ 的稀疏表示矩阵 $\boldsymbol{A}$，然后让 $\boldsymbol{A}$ 固定，根据 $\boldsymbol{A}$ 更新字典 $\boldsymbol{D}$，如此循环直到收敛为止。K-SVD 在更新字典时，将式 (5-6) 转化为

$$\begin{aligned}\|\boldsymbol{Y} - \boldsymbol{D}\boldsymbol{X}\|_{\mathrm{F}}^2 &= \left\|\boldsymbol{Y} - \sum_{j=1}^{K} d_j x^j\right\|_{\mathrm{F}}^2 \\ &= \left\|\left(\boldsymbol{Y} - \sum_{j\neq k} d_j x^j\right) - d_k x^k\right\|_{\mathrm{F}}^2 \\ &= \left\|E_k - d_k x^k\right\|_{\mathrm{F}}^2\end{aligned} \tag{5-7}$$

式中，$E_k$ 表示去掉字典中第 $k$ 行后稀疏表示 $\boldsymbol{Y}$ 时的误差。K-SVD 利用奇异值分解逐行更新字典。对 $E_k$ 进行奇异值分解，得到 $\boldsymbol{U\Delta V}^{\mathrm{T}}$，将字典的第 $k$ 行 $d_k$ 更新为 $\boldsymbol{U}$ 的第一列，同时稀疏矩阵 $\boldsymbol{X}$ 的第 $k$ 行更新为 $\boldsymbol{V}$ 的第 $k$ 列乘以 $\Delta(1,1)$。如此

逐列将字典 $\boldsymbol{D}$ 以及稀疏矩阵 $\boldsymbol{X}$ 更新。在更新过程中，为了防止更新后的 $\boldsymbol{X}$ 不够稀疏，仅更新 $\boldsymbol{X}$ 中不为零的元素 [9]。

## 5.4 预测误差评估模型结构

在预测误差评估模型中，

$$\boldsymbol{Y} = \{y_1, y_2, y_3, \cdots, y_n\}$$

式中，$\{y_1, y_2, y_3, \cdots, y_n\}$为 5.2 节中定义的与误差关联的各个参数。利用字典学习算法可以得到对应的 $\boldsymbol{D}$ 和 $\boldsymbol{X}$，$\boldsymbol{D}$ 为输入向量 $\boldsymbol{Y}$ 的字典表示，$\boldsymbol{X}$ 为 $\boldsymbol{Y}$ 的稀疏表示矩阵。

评估模型可以采用 RAN 神经网络，模型输入是经过字典学习方法处理的各个误差敏感参数 $\boldsymbol{Y}$ 的稀疏表示 $\boldsymbol{X}$，输出是预测误差 (FE) 的评估值。利用输入输出样本对 RAN 网络结构进行训练，使用时根据输入输出在线自调整结构，实现误差敏感参数的稀疏表示 $\boldsymbol{X}$ 到 FE 的非线性映射。具体的 RAN 结构及学习算法可以参考文献 [10]。

## 5.5 仿 真 研 究

本小节分两个部分，第一部分利用比利时电力供应商 ELIA 的风电功率数据 [11]，该数据源提供风电功率的实际值和预测值，因此直接使用预测误差数据比较本书提出的 EEDL 方法和基于概率分布拟合的误差评估方法。第二部分利用美国可再生能源实验室 NREL 的数据 [12]，该数据源仅有风电功率实际值，没有预测值，因此首先利用几种预测方法得到预测值和预测误差，然后验证 EEDL 在预测方法不同时的误差评估性能。

### 5.5.1 与基于误差概率分布拟合的误差评估方法比较

图 5-1 是 ELIA 网站 2016 年 2 月前 5 天 480 个风电功率数据，包括预测值、实际值以及预测误差值。这段时间的预测平均绝对误差 (mean absolute error, MAE) 为 76.8 MW，最大预测误差为 478.9 MW，发生在第 349 个点。这一点的实际发电量为 834.2 MW，预测误差占总发电量的 57.4%。可见在这一时刻，预测误差将会给电力系统带来很大冲击。

将风电功率小波分解后，得到的各个分量如图 5-2 所示，$d$ 为小波分解分量。

5 个小波分解分量 $d_1 \sim d_5$，再加上风电功率实际值、预测值、预测误差方差和实际值方差等组成误差评估参数，利用字典学习得到这些评估参数的稀疏表示，如图 5-3 所示，字典规模设计为 10。

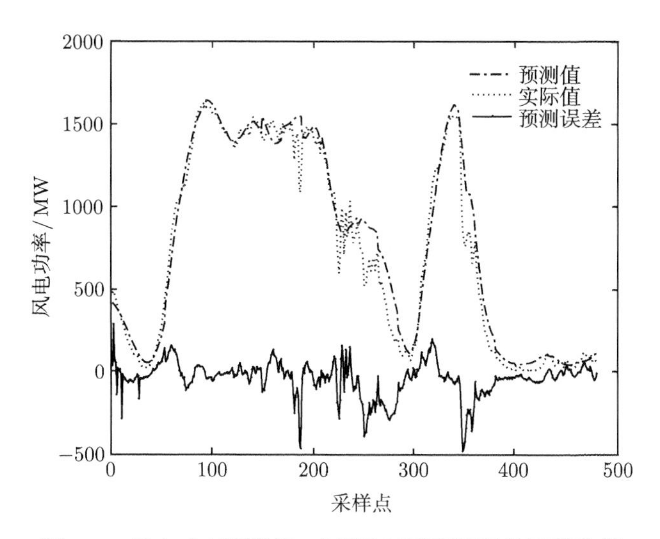


图 5-1 风电功率预测值、实际值以及预测误差原始数据

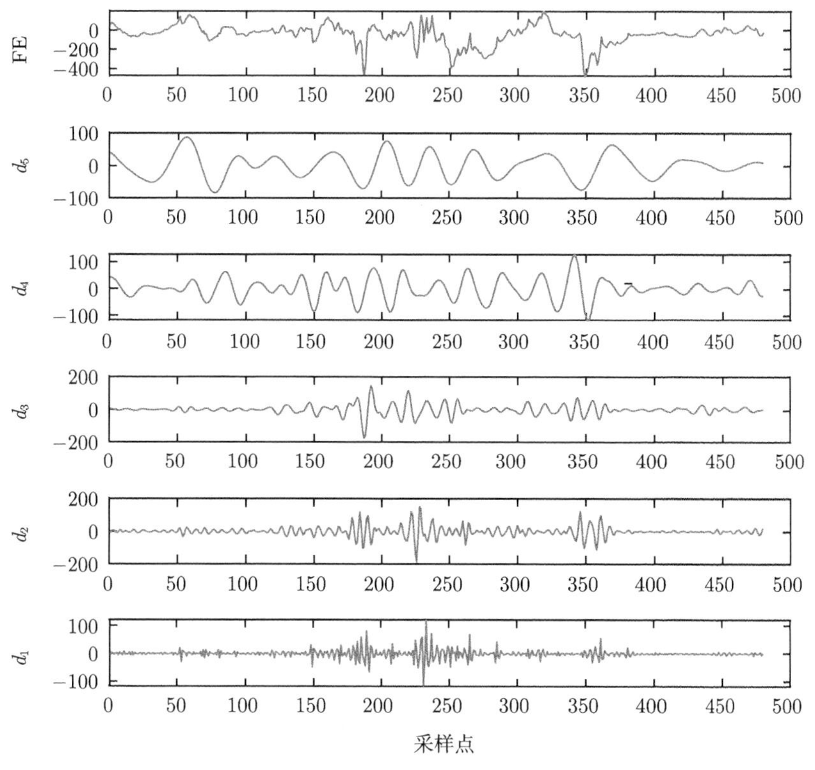


图 5-2 小波分解分量图

由图 5-2 和图 5-3 可以看到，经过字典学习后的稀疏表示矩阵 $\boldsymbol{X}$ 比起小波分

解量，更能够反映出风电功率的波动性和随机性。图 5-2 中 $d_1$、$d_2$ 和 $d_3$ 反映了风电功率在不同高频段的特性，比起 $d_1$、$d_2$ 和 $d_3$，图 5-3 中稀疏表示矩阵 $\boldsymbol{X}$ 在风电功率变化时的变动更为剧烈和明显。也就是说，风电功率特性可通过字典更为明确地提取出来。而且，当风电功率波动性和随机性强的时候，恰恰是预测误差较大的时候。因此字典学习预处理后的数据对误差将更敏感。基于字典学习的误差评估模型得到的结果如图 5-4 所示，其中灰色区域为 1.1 倍误差估计区间。按照 $t$ 分布得到的 90%置信区间的误差评估范围如图 5-5 所示。将本书提出的 EEDL 方法的误差评估值乘以 1.1 是为了和 $t$ 分布的 90%置信区间同等比较。

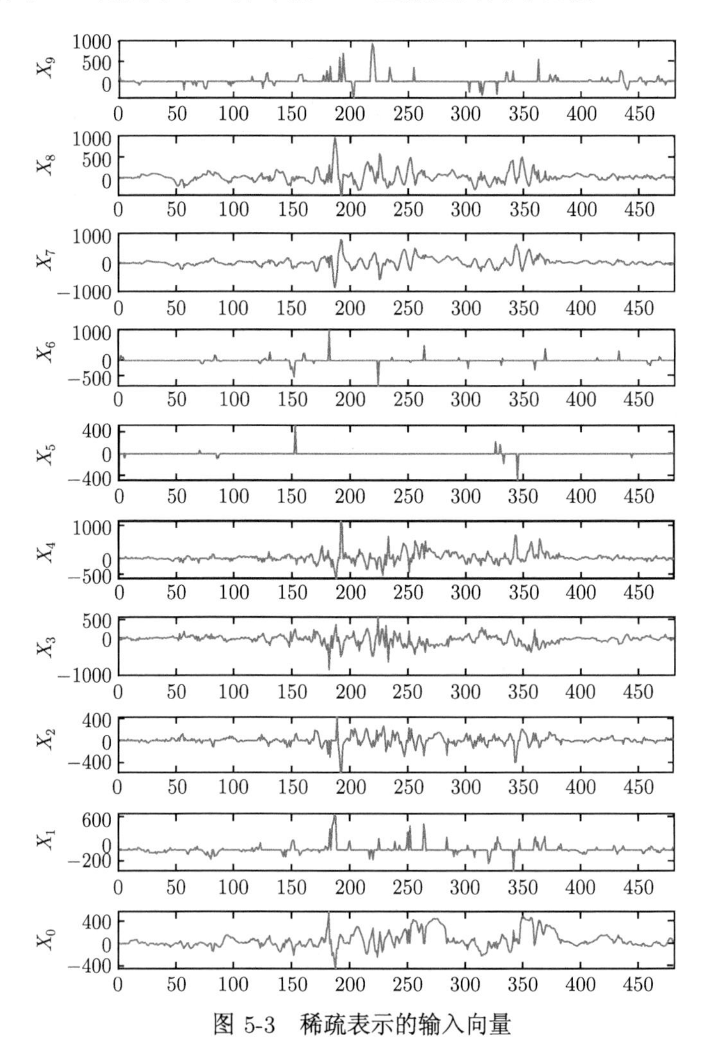


图 5-3　稀疏表示的输入向量

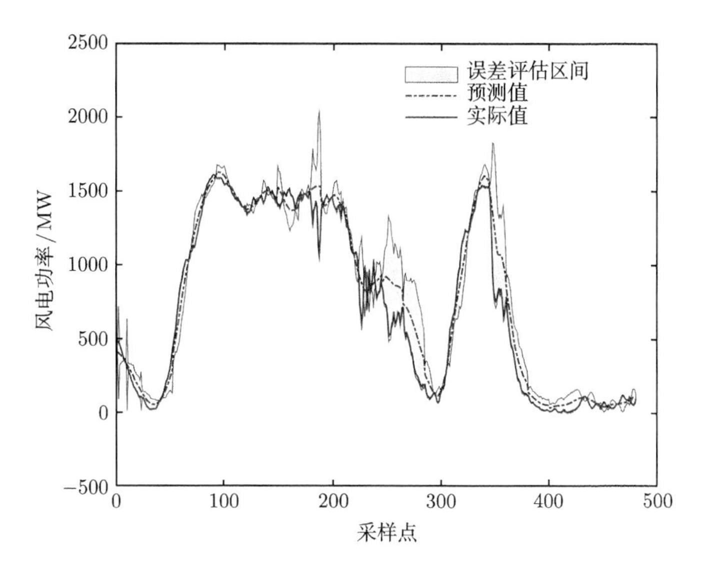


图 5-4 EEDL 的误差评估

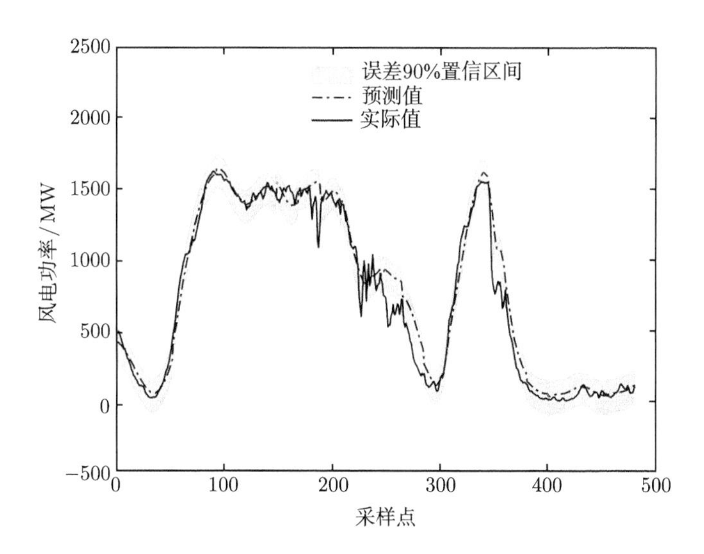


图 5-5 基于 $t$ 分布的误差评估

图 5-5 中所有采样点的误差评估范围是定值，而图 5-4 中误差评估范围随着风电功率的变化而变化。如第 250 个点，出现了较大的预测误差。EEDL 方法利用实时信息，计算各个与误差有关联的敏感指标，根据实时数据调整误差评估值。换句话说，EEDL 方法可以跟踪风电功率变化，在模型中考虑到风电功率实际值、预测值、预测误差方差和实际值方差等参数的实时变化，因此能够更准确地评估预测误差。而根据历史数据统计拟合的 $t$ 分布，误差评估范围是定值，无法跟上误差的实

时变化。所以，图 5-5 中的实际值曲线在一些时刻越过了误差评估区间，而图 5-4 中的实际值基本都落在误差评估区间内。

误差评估区间和实际值越出误差评估区间的比例如表 5-1 所示。基于概率分布的误差区间为 90%的置信区间范围，EEDL 的误差区间为评估模型输出FE的平均值 (mean FE，MFE) 乘以 1.1。

**表 5-1 误差区间和越限比例**

| 误差评估方法 | 误差区间/MW | 越限比例/% |
|---|---|---|
| $t$ 分布 | [−206.4, 135.8] | 11.7 |
| 广义误差分布 | [−218.9, 148.2] | 9.8 |
| 改进高斯分布 | [−133.9, 101.4] | 20.0 |
| 混合高斯分布 | [−210.7, 141.3] | 11.0 |
| EEDL 方法 | [−81.3, 81.3] | 2.5 |

表 5-1 中，EEDL 方法的越限比例为 2.5%，利用 $t$ 分布、广义误差分布、改进高斯分布和混合高斯分布的越限比例分布为 11.7%、9.8%、20.0%和 11.0%。越限比例越低，意味着实际值落在评估范围内的可能性越大，发用电平衡被打破的可能性越小，风电预测误差对电网的冲击也越小。另外，可以看出 EEDL 的误差区间为 [−81.3, 81.3]，误差区间宽度为 162.6，远低于 $t$ 分布的 342.2、广义误差分布的 367.1、改进高斯分布的 235.3 和混合高斯分布的 352.0。误差区间的宽度越小，意味着电网需要的备用和储能裕量越少，相应的经济成本也越小。

### 5.5.2 不同风电预测方法的误差评估

本节数据来自 NREL，风电场 ID 是 17729，位于北纬 41.83°，西经 124.37°。数据被归一化。

1. 利用概率分布评估误差

利用广义回归神经网络 (generalized regression neural network，GRNN)、new-reference 方法 (NR)、persistence 方法 (PER)、时间序列方法 (time series)、自适应小波神经网络 (adaptive wavelet neural network，AWNN) 和相空间重构方法 (phase space reconstruction，PSR)6 种预测方法分别得到预测值，基于这 6 种方法的预测误差，分别利用 $t$ 分布、广义误差分布、改进高斯分布和混合高斯分布拟合误差，进而得到 90%置信区间的误差评估范围。测试样本数为 480 个。误差评估区间和实际值越限比例见表 5-2。

需要说明的是，一些智能预测方法，如 time series、PSR 和 AWNN，找不到合适的概率密度函数去拟合其预测误差分布，因此这 3 种方法的结果没有列在

表 5-2。AWNN 的预测误差分布及几种分布的拟合效果见图 5-6。

**表 5-2 误差区间和越限比例**

| 概率密度函数 | GRNN | | NR | | PER | |
|---|---|---|---|---|---|---|
| | 误差区间 | 越限比例/% | 误差区间 | 越限比例/% | 误差区间 | 越限比例/% |
| $t$ 分布 | [−1.34,1.57] | 6 | [−0.28,0.29] | 10 | [−0.44,0.45] | 11 |
| 广义误差分布 | [−1.25,1.42] | 8 | [−0.41,0.42] | 3 | [−0.31,0.33] | 20 |
| 改进高斯分布 | [−0.56,0.74] | 19 | [−0.28,0.29] | 10 | [−0.24,0.26] | 26 |
| 混合高斯分布 | [−1.34,0.99] | 11 | [−0.31,0.31] | 7 | [−0.44,0.46] | 11 |

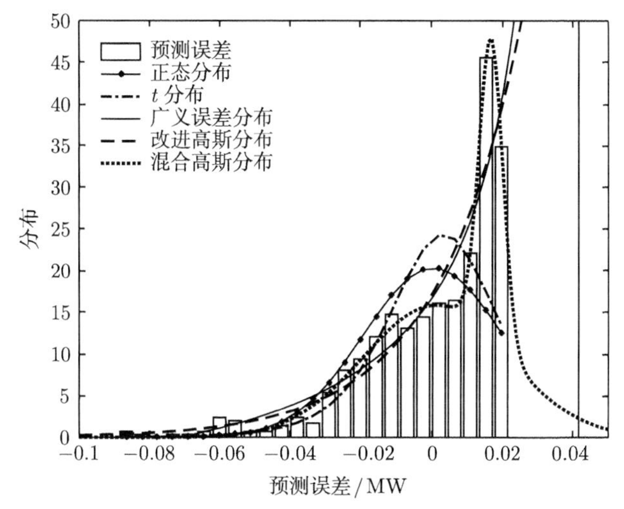


图 5-6 AWNN 预测误差分布拟合图

图 5-6 中，没有一种分布能够准确地拟合 AWNN 的预测误差。AWNN 等智能预测方法能够相对准确地预测风电，但是其预测误差没有规律，很难拟合其概率分布。因此应用基于误差概率分布的误差评估方法的前提是要找到一个确定的分布函数，如果无法找到合适的分布函数，误差评估就无从谈起。

2. 利用 EEDL 评估误差

针对 GRNN、PER、NR、time series、AWNN、PSR 6 种预测方法的预测误差，利用 EEDL 方法的误差范围和越限比例如图 5-7 所示。图 5-7 中的横坐标为 MFE 倍数，比如横坐标上的 “2” 代表是误差评估平均值的 2 倍，纵坐标代表越限比例。

图 5-7 中，当 1.5 倍 MFE 时，EEDL 对 6 种预测方法误差评估的越限比例基本上都小于 10%。EEDL 对 6 种预测方法的误差评估平均值 MFE 大小和越限比例见表 5-3。

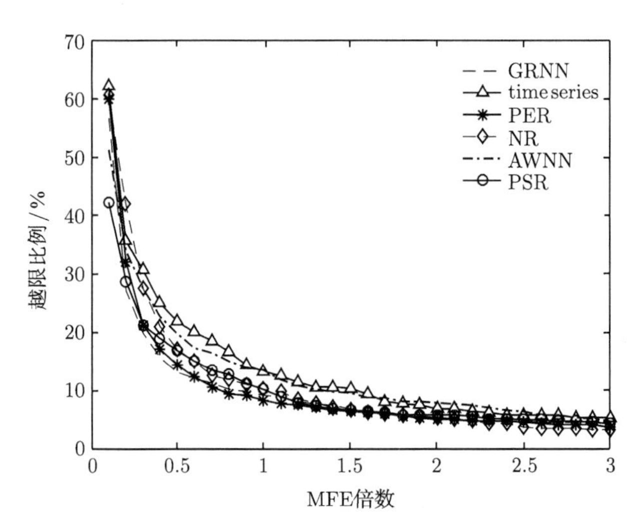


图 5-7　不同误差评估范围的越限比例

**表 5-3　误差评估范围和越限比例**

| 预测方法 | MFE | 越限比例/% | 1.5×MFE | 越限比例/% |
|---|---|---|---|---|
| GRNN | 0.187 | 9.17 | 0.281 | 6.88 |
| time series | 0.207 | 13.33 | 0.310 | 10.42 |
| PER | 0.250 | 8.33 | 0.375 | 6.46 |
| NR | 0.206 | 10.21 | 0.309 | 6.67 |
| AWNN | 0.139 | 13.54 | 0.208 | 9.58 |
| PSR | 0.096 | 10.21 | 0.144 | 6.67 |

表 5-3 中，EEDL 对 NR 预测方法误差评估的平均值 MFE 为 0.206，如果乘以 1.5 倍得到误差范围为 0.309 时，相应的越限比例为 6.67%。对照表 5-2，混合高斯分布评估 NR 预测方法的时候越限比例是 7%，但是其误差区间是 $[-0.31, 0.31]$，误差范围是 0.62，大于 0.309。$t$ 分布在评估 GRNN 预测方法的误差时，误差区间是 $[-1.34, 1.57]$，误差范围是 2.91，越限比例是 6%，而采用 EEDL 方法在误差评估范围是 0.281，越限比例是 6.88%。两者误判率不相上下，但是误差范围却相差数倍。因此，在相同的越限比例下，EEDL 可以提供更小的误差评估范围。

利用 EEDL 的越限比例还可以如图 5-8 所示，图 5-8 中的纵坐标和图 5-7 中一样，横坐标代表误差评估范围与装机容量的比值。

图 5-8 中，当误差评估范围很小时，任何一种预测方法的越限比例都很高。这是因为任何预测方法都存在或大或小的预测误差，如果给出的误差评估范围很小，则实际值都有很大可能落在误差评估范围之外。当误差评估范围逐渐增大时，越限比例相应减小，即误差评估结果的可靠性增加。当误差范围是 5%装机容量时，EEDL

对 PSR 和 AWNN 预测方法误差评估的越限比例小于 5%，其他几种方法的越限比例高于 50%。当误差范围是 30%装机容量时，GRNN 和 time series 方法的越限比例还超过 50%。也就是采用这两种预测方法时，为了保证电网安全，风电场或电网有超过 50%的可能性需要提供 30%装机容量的备用或储能。如此大的备用或储能是巨大的经济负担。也就是说，即使这些预测方法的误差可以被 EEDL 准确地评估出来，因为其本身巨大的预测误差，也不适合于风电预测。

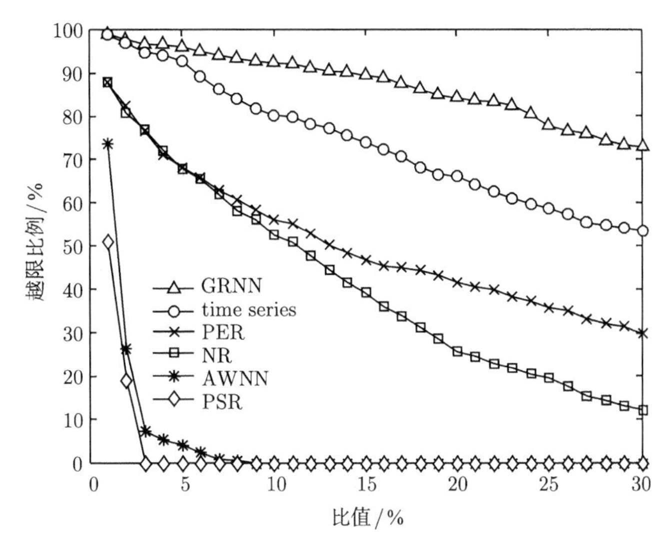


图 5-8 不同误差评估比值的越限比例

## 5.6 本 章 小 结

本章提出一种基于字典学习的风电预测误差评估方法 EEDL，首先分析与预测误差相关联的参数，采用风电功率实际值、预测值、预测误差方差和实际值方差以及风电功率的小波分解量作为误差评估参数，然后利用字典学习得到误差评估参数的稀疏表示矩阵，以该矩阵作为输入建立误差评估模型，获取预测误差的评估范围。仿真结果表明本章所提的 EEDL 方法能够对不同的风电预测方法提供更窄的误差评估范围和更低的误判比例 [13]。

## 参 考 文 献

[1] 张凯锋, 杨国强, 陈汉一, 等. 基于数据特征提取的风电功率预测误差估计方法. 电力系统自动化, 2014, 38(16): 22-27,34.

[2] Nahmmacher P, Schmid E, Hirth L, et al. A novel approach to select representative

days for long term power system modeling. Energy, 2016, 112: 430-442.

[3] Aharon M, Elad M, Bruckstein A. K-SVD: an algorithm for designing overcomplete dictionaries for sparse representation. IEEE Transactions on Signal Processing, 2006, 54(11): 4311-4322.

[4] Xie Y N, Huang J J, He Y J. One dictionary vs. two dictionaries in sparse coding based denoising. Chinese Journal of Electronics, 2017, 26(2): 367-371.

[5] Zhan X, Zhang R. Complex SAR image compression using entropy-constrained dictionary learning and universal trellis coded quantization. Chinese Journal of Electronics, 2016, 25(4): 686-691.

[6] Song L, Wang P, Goel L. Wind power forecasting using neural network ensembles with feature selection. IEEE Transactions on Sustainable Energy, 2015, 6(4): 1447-1456.

[7] Daubechies I. Ten Lectures on Wavelets. Philadelphia, PA, USA: Society for Industrial and Applied Mathematics, 1992.

[8] Reis A J R, AlvesdaSilva A P. Feature extraction via multiresolution analysis for short-term load forecasting. IEEE Transactions Power Systems, 2005, 20(1): 189-198.

[9] Ming C, Wu G Q, Yuan M T, et al. Semi-supervised software defect prediction using task-driven dictionary learning. Chinese Journal of Electronics, 2016, 25(6): 1089-1096.

[10] Platt J. A resource allocating network for function interpolation. Neural Computation, 1991, 3:213-225.

[11] Elia. Wind power generation data. http://www.elia.be/en/grid-data/power-generation /wind-power, [2020-06-06].

[12] National Renewable Energy Laboratory. Wind Integration Data Sets. https://www.nrel.gov/grid/wind-integration-data.html, [2020-06-06].

[13] Han L, Li M Z, Cheng Y H, et al. Real-time wind power forecast error estimation based on eigenvalue extraction by dictionary learning. Chinese Journal of Electronics, 2019, 28(2): 349-356.

# 第 6 章　基于改进径向移动算法的调度模型优化求解方法

## 6.1　引　　言

电力系统经济调度模型具有互耦合、维度高、非线性等特点，在考虑风电等不确定性能源的接入后变得更为复杂。为对其快速、准确地求解，本章提出一种改进的径向移动算法 (improved radial movement optimization, IRMO)。该算法针对基本径向移动算法易陷入局部最优解的不足，结合遗传算法种群变异的思想，在迭代过程中随机对一部分粒子进行突变，改善种群多样性，跳出局部最优；引入凹抛物线式的惯性权值非线性递减策略，增强算法中后期的搜索精度，更易找到全局最优解。

## 6.2　径向移动算法基本原理及存在问题

径向移动算法 (radial movement optimization，RMO)，它模拟的是一群粒子 $\boldsymbol{X}_{i,j}$ 围绕中心点 $cp_K$ 喷洒并沿径向移动向最优解逼近的过程，在移动过程中粒子的搜索空间逐渐缩小，最终缩小为一点，即所求最优解 [1,2]。

以三维向量为例，假想粒子的搜索空间为一个球体，每一代粒子从球体的中心点向周围喷洒，喷洒出的粒子数量称为种群规模 $n^{\mathrm{op}}$，粒子维数 $n^{\mathrm{od}}$ 等于待优化变量的个数。粒子喷洒由速度矢量 $\boldsymbol{V}_{i,j}$ 决定，喷洒的最大半径称为 $V^{\max}$。粒子更新时只更新中心点的位置，粒子群则根据新产生的中心点位置重新喷洒产生。称种群 $n^{\mathrm{op}}$ 中适应度值最好的解为当代最优解 $R^{\mathrm{best}}$，其对应的位置为当代最优位置 $R^{\mathrm{bestloc}}$。称粒子群移动过程中得到的 $R^{\mathrm{best}}$ 值中最好的解为全局最优解 $G^{\mathrm{best}}$，其对应的位置为全局最优位置 $G^{\mathrm{bestloc}}$。第一个球体中心点的位置根据第一代初始化的粒子取其中适应度值最优的点，下一代的中心点 $cp_{K+1}$ 则根据当代中心点 $cp_K$、当代最优位置和全局最优位置矢量叠加进行更新，确保粒子群体逐步向最优解移动。

与遗传算法 (genetic algorithm，GA) 相比，RMO 具有更小的计算量，需求的存储空间更小，耗时更少。与粒子群算法 (particle swarm optimization, PSO) 和差分进化算法 (differential evolution algorithm，DE) 相似，但 RMO 当代最优解的选

择方式和粒子的更新方式又有不同，而且惯性权值 $W_K$ 的线性递减策略使其在后期具有较高的搜索精度。然而，高搜索精度带来的弊端是, 在算法中后期由于更新速度逐渐缩小可能使算法陷入局部最优。

## 6.3 径向移动算法改进思路与实现方法

改进思路是在粒子喷洒的过程中采用 GA 染色体变异的思想在种群中随机选取一部分粒子进行位置突变，以增强种群多样性，避免算法陷入局部最优；另外，将惯性权值线性递减策略改进为凹抛物线式的非线性递减策略，可进一步增强算法中后期的搜索精度。经过改进后的算法可以在保证精确性的同时提高准确性，能够跳出局部最优找到全局最优解。其具体实现步骤如下所述。

1) 种群初始化

在粒子搜索空间 ($X_j^{\min}$, $X_j^{\max}$) 内随机产生种群规模为 $n^{\text{op}}$、变量个数为 $n^{\text{od}}$ 的群矩阵 $\boldsymbol{X}_{i,j}$，由式 (6-1) 产生。计算每组变量的适应度值并存入Score($i$) 中，将其中适应度值最好的位置设为第一代的中心点 $cp_1$，并将其和对应解赋值给 $G^{\text{bestloc}}$ 和 $G^{\text{best}}$ 进行全局最优初始化。

$$\boldsymbol{X}_{i,j} = X_j^{\min} + \text{rand}\,(0,1) \times \left(X_j^{\max} - X_j^{\min}\right) \tag{6-1}$$

2) 产生速度矢量并喷洒产生新种群

根据粒子搜索空间 ($X_j^{\min}$, $X_j^{\max}$) 产生速度矢量 $\boldsymbol{V}_{i,j}$，由式 (6-2) 产生。将式 (6-3) 所示惯性权值的线性递减策略改进为式 (6-4) 所示凹抛物线式的非线性递减策略，控制粒子喷洒的速度随着种群迭代次数的增加而快速减小，使算法保持更多代数的高精度搜索，线性递减策略的最大值 $w^{\max}$、最小值 $w^{\min}$ 分别取 1、0，粒子喷洒公式如式 (6-5) 所示。

$$\boldsymbol{V}_{i,j} = \text{rand}\,(-1,1) \times \left(X_j^{\max} - X_j^{\min}\right) \tag{6-2}$$

$$W_K = w^{\max} - \left(w^{\max} - w^{\min}\right) \times \text{Gen}_K/\text{Gen}_N \tag{6-3}$$

$$\begin{aligned} W'_K = {} & \left(w^{\max} - w^{\min}\right) \times (\text{Gen}_K/\text{Gen}_N)^2 + \left(w^{\min} - w^{\max}\right) \\ & \times (2 \times \text{Gen}_K/\text{Gen}_N) + w^{\max} \end{aligned} \tag{6-4}$$

$$\boldsymbol{X}_{i,j} = cp_K + W_K \times \boldsymbol{V}_{i,j} \tag{6-5}$$

式中，$\text{Gen}_N$ 为算法总迭代次数；$\text{Gen}_K$ 为当前代数。

3) 种群个体变异

为确保种群多样性，将喷洒的新粒子以一定的变异率在其搜索空间内突变，设置变异率 $g$=0.1。在规模为 $n^{\text{op}}$ 的粒子循环喷洒程序中，设置判断条件 “rand

(0,1)<0.1?”，当某个粒子喷洒产生后，判断其是否满足条件，满足的粒子按式 (6-6) 在其搜索空间内被重新随机初始化，不满足则不作处理，进行下一个粒子的喷洒。最终的结果是产生的 $n^{\mathrm{op}}$ 个粒子中，有 10%左右的粒子被突变，在其限制区间内重新随机初始化。

$$X_{g,j}=X_j^{\min}+\mathrm{rand}\,(0,1)\times\left(X_j^{\max}-X_j^{\min}\right) \tag{6-6}$$

式中，$X_{g,j}$ 为被选择到的变异粒子。

4) 限制粒子范围

由于上述步骤中粒子位置的改变会使部分粒子越限，因此以公式 (6-7) 对其位置进行限制:

$$X_{i,j}=\begin{cases}X_j^{\max}, & X_{i,j}>X_j^{\max}\\ X_{i,j}, & X_j^{\min}<X_{i,j}<X_j^{\max}\\ X_j^{\min}, & X_{i,j}<X_j^{\min}\end{cases} \tag{6-7}$$

5) 寻优并更新中心点位置

计算更新后粒子的适应度值，取其中最优值作为 $R^{\mathrm{best}}$，并与 $G^{\mathrm{best}}$ 比较，如果 $R^{\mathrm{best}}$ 适应度值更好，则更新 $G^{\mathrm{best}}$ 和 $G^{\mathrm{bestloc}}$。下一代中心点 $cp_{K+1}$ 的移动应综合考虑当代中心点 $cp_K$、当前最优位置 $R^{\mathrm{bestloc}}$ 和全局最优位置 $G^{\mathrm{bestloc}}$，并以一定比例系数矢量叠加，按式 (6-8) 和式 (6-9) 更新：

$$cp_{K+1}=cp_K+up \tag{6-8}$$

$$up=C_1\times\left(G_K^{\mathrm{bestloc}}-cp_K\right)+C_2\times\left(R_K^{\mathrm{bestloc}}-cp_K\right) \tag{6-9}$$

式中，$up$ 为中心点移动矢量；$C_1$、$C_2$ 为比例系数，它决定了算法收敛速度。

当达到迭代次数$\mathrm{Gen}_N$ 时停止计算，输出最优解。寻优过程如图 6-1 所示。

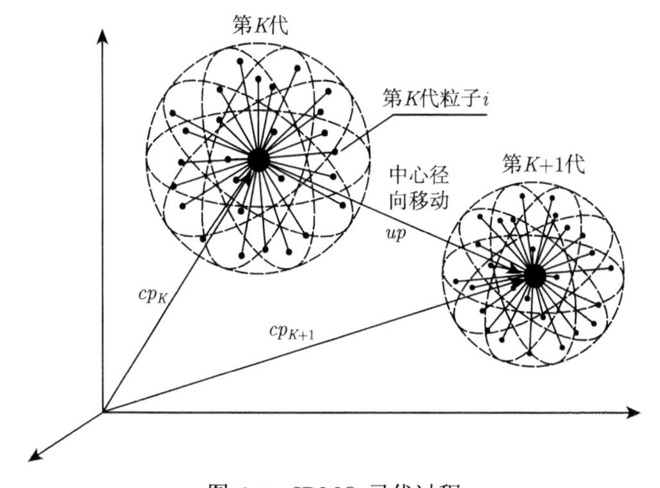


图 6-1 IRMO 寻优过程

由上述改进算法实现过程可见，IRMO 具有三大优点：第一，种群迭代时只保留和更新中心点信息，而不把所有粒子信息都带入下一代；第二，对适应度函数值的计算次数较少；第三，惯性权值的非线性递减策略使算法在中后期能保持较多代数的高精度搜索，粒子变异的设定又避免了算法陷入局部最优。从而使改进后的算法既节省存储器空间，又提高了算法精度和准确度，且不影响计算速度。

## 6.4　改进径向移动算法的性能测试

### 6.4.1　测试函数

为测试所提改进算法寻优性能，现引入 9 个测试函数 [2,3] 分别进行适应度值计算，如表 6-1 所示。这些函数对随机优化算法有很强的欺骗性，特别是 F4 和 F7，具有众多凹凸不平的峰值和低谷，很容易使算法陷入局部最优。这 9 个测试函数也

**表 6-1　测试函数表**

| 编号 | 函数名称 | 函数表达式 | 自变量范围 |
|---|---|---|---|
| F1 | Sphere | $\sum_{i=1}^{D} x_i^2$ | [−5.12, 5.12] |
| F2 | Step | $\sum_{i=1}^{D} \lvert x_i \rvert$ | [−5.12, 5.12] |
| F3 | Quartic | $\sum_{i=1}^{D} i \times x_i^4$ | [−1.28, 1.28] |
| F4 | Shekel's Foxholes | $\left\{0.002+\sum_{i=0}^{24}\left[i+\sum_{j=1}^{D}(x_j-\boldsymbol{a}_{ij})^6\right]^{-1}\right\}^{-1}$ | [−65.536, 65.536] |
| F5 | Schaffer | $0.5+\dfrac{\sin^2\left(\sqrt{x_1^2+x_2^2}\right)-0.5}{\left[1+0.001\times\left(x_1^2+x_2^2\right)\right]^2}$ | [−100, 100] |
| F6 | Rastrigin | $\sum_{i=1}^{D}\left[x_i^2-10\times\cos(2\pi\times x_i)+10\right]$ | [−60, 60] |
| F7 | Griewank | $\sum_{i=1}^{D} x_i^2/4000-\prod_{i=1}^{D}\cos\left(x_i/\sqrt{i}\right)+1$ | [−400, 400] |
| F8 | Hyper-Ellipsoid | $\sum_{i=1}^{D} i^2 \times x_i^2$ | [−1, 1] |
| F9 | Ackley | $-20\times\exp\left(-0.02\times\sqrt{D^{-1}\times\sum_{i=1}^{D}x_i^2}\right)-\exp\left[\sqrt{D^{-1}\times\sum_{i=1}^{D}\cos(2\pi\times x_i)}\right]+20$ | [−30, 30] |

被广泛用作随机优化算法性能的评估。算法运行软件平台为 MATLAB 2018a，硬件平台为 Intel Core i5 2.6 GHz，4G RAM。表 6-1 中，$D$ 为函数维数；常数矩阵

$$\boldsymbol{a}_{ij}=\begin{pmatrix} -32 & -16 & 0 & 16 & 32 & -32 & \cdots & 0 & 16 & 32 \\ -32 & -32 & -32 & -32 & -32 & -16 & \cdots & 32 & 32 & 32 \end{pmatrix}$$

### 6.4.2 测试结果分析

利用 IRMO 算法对表 6-1 中所列测试函数进行最优值求解，并与文献 [2,3] 中的 PSO、DE、RMO 进行比较。设置算法参数 $C_1$=0.7、$C_2$=0.8，变异率 $g$=0.1，$w^{\max}$=1、$w^{\min}$=0，其他参数设置见表 6-2，设置算法寻优结果输出格式为 15 位双精度浮点型。所提改进算法 30 次优化结果的平均值及与其他算法结果的对比见表 6-2，30 次结果的标准差对比见表 6-3。

表 6-2　各算法测试函数优化结果对比

| 编号 | $D(n^{\mathrm{od}})$ | $n^{\mathrm{op}}$ | $\mathrm{Gen}_N$ | 期望值 | 各算法 30 次计算平均值 | | | |
|---|---|---|---|---|---|---|---|---|
| | | | | | PSO | DE | RMO | IRMO |
| F1 | 3 | 150 | 4500 | 0.001 | 0.001 | 0.001 | 0.001 | $<1\times10^{-15}$ |
| F2 | 5 | 50 | 1000 | 0.001 | 0.001 | 0.001 | 0.001 | $<1\times10^{-15}$ |
| F3 | 30 | 100 | 5000 | $1\times10^{-5}$ | 0.946 | $3.54\times10^{-4}$ | $8.22\times10^{-4}$ | $<1\times10^{-15}$ |
| F4 | 2 | 50 | 1000 | 0.998 | 1.240 | 1.032 | 1.031 | 0.998 |
| F5 | 2 | 50 | 1000 | $1\times10^{-6}$ | 0.010 | 0.003 | $2.73\times10^{-5}$ | $<1\times10^{-15}$ |
| F6 | 10 | 50 | 3000 | $1\times10^{-4}$ | 2.334 | 0.006 | $8.81\times10^{-4}$ | $<1\times10^{-15}$ |
| F7 | 10 | 50 | 2500 | 0.001 | 0.161 | 0.054 | 0.063 | $<1\times10^{-15}$ |
| F8 | 30 | 50 | 5000 | 0.001 | 0.690 | 0.001 | 0.004 | $<1\times10^{-15}$ |
| F9 | 30 | 75 | 5000 | 0.001 | 1.898 | 0.008 | 0.124 | $<1\times10^{-15}$ |

表 6-3　各算法测试函数优化结果标准差

| 编号 | PSO | DE | RMO | IRMO |
|---|---|---|---|---|
| F1 | $<5\times10^{-4}$ | $<5\times10^{-4}$ | $<5\times10^{-4}$ | $<1\times10^{-15}$ |
| F2 | $<5\times10^{-4}$ | $<5\times10^{-4}$ | $<5\times10^{-4}$ | $<1\times10^{-15}$ |
| F3 | 1.312 | $3.27\times10^{-4}$ | $1.39\times10^{-4}$ | $<1\times10^{-15}$ |
| F4 | 2.215 | 0.074 | 0.181 | $7.98\times10^{-4}$ |
| F5 | $6.06\times10^{-4}$ | 0.003 | $2.78\times10^{-5}$ | $<1\times10^{-15}$ |
| F6 | 2.297 | 0.009 | $2.12\times10^{-4}$ | $<1\times10^{-15}$ |
| F7 | 0.097 | 0.029 | 0.022 | $<1\times10^{-15}$ |
| F8 | 0.829 | 0.000 | 0.003 | $<1\times10^{-15}$ |
| F9 | 2.598 | 0.009 | 0.076 | $<1\times10^{-15}$ |

分析表中数据可知，本章所提 IRMO 算法具有极强的搜索寻优能力和稳定性。从最优值寻求来看，如函数 F3 优化期望值为 $1\times10^{-5}$，PSO、DE 和 RMO 算法

优化结果均值分别为 0.946、$3.54\times10^{-4}$ 和 $8.22\times10^{-4}$，说明这三种算法在 30 次计算中均有部分或全部未达到期望值的解，即陷入了局部最优，算法稳定性较差，而所提 IRMO 算法在 30 次计算中均达到了期望值，且算法精度很高，相比改进前 RMO 算法的结果，IRMO 算法精度至少提高了 10 个数量级。又如函数 F7 优化期望值为 0.001，PSO、DE 和 RMO 算法优化结果均值分别为 0.161、0.054 和 0.063，达不到所要求的精度，而 IRMO 算法优化结果小于 $1\times10^{-15}$，能够找到满足要求的解。从 30 次结果标准差来看，如函数 F3，PSO、DE 和 RMO 算法 30 次结果标准差分别为 1.312、$3.27\times10^{-4}$ 和 $1.39\times10^{-4}$，说明 PSO 算法结果偏差较大，DE 和 RMO 算法结果也有一定的偏离，而 IRMO 算法结果标准差小于 $1\times10^{-15}$，实现了结果基本无偏差。又如函数 F7，PSO、DE 和 RMO 算法 30 次结果标准差分别为 0.097、0.029 和 0.022，说明其优化结果均有不同程度的偏离，而 IRMO 算法结果标准差小于 $1\times10^{-15}$。因此，对于所给测试函数，所提 IRMO 算法均能够寻找到满足精度要求的全局最优解，计算结果和标准差均优于 PSO、DE 和 RMO 算法，且最优值精度比改进前的算法提高了 10 个数量级，标准差也普遍提高了 3~10 个数量级。可见，IRMO 算法具有更高的精确性和准确性。

## 6.5 基于改进径向移动算法的电力系统经济调度模型优化求解

### 6.5.1 目标函数

含风电的电力系统经济调度的目标通常期望火电机组燃料成本、风电不确定性高估成本和低估成本总和最小 [4-8]，并将风电的高估、低估以备用的形式加入约束条件中。总成本设为如下数学模型：

$$\min F=\min\sum_{t=1}^{T}\sum_{n=1}^{N}\left(C_{n,t}^{\mathrm{G}}+C_{n,t}^{\mathrm{E}}+C_{n,t}^{\mathrm{U}}+C_{n,t}^{\mathrm{D}}\right) \tag{6-10}$$

式中，右端括号第一项 $C^{\mathrm{G}}$ 为火电机组发电燃料成本，设其表达式为

$$C_{n,t}^{\mathrm{G}}=a_nP_{n,t}^2+b_nP_{n,t}+c_n \tag{6-11}$$

第二项 $C^{\mathrm{E}}$ 为汽轮机阀点效应产生的能耗成本，设其表达式为

$$C_{n,t}^{\mathrm{E}}=\left|d_n\sin\left[e_n\left(P_n^{\min}-P_{n,t}\right)\right]\right| \tag{6-12}$$

第三项 $C^{\mathrm{U}}$ 为风电出力高估惩罚成本，常以上旋转备用体现，设其表达式为

$$C_{n,t}^{\mathrm{U}}=k^{\mathrm{u}}r_{n,t}^{\mathrm{u}} \tag{6-13}$$

第四项 $C^{\mathrm{D}}$ 为风电出力低估惩罚成本，常以下旋转备用体现，设其表达式为

$$C_{n,t}^{\mathrm{D}} = k^{\mathrm{d}} r_{n,t}^{\mathrm{d}} \tag{6-14}$$

式 (6-10)~ 式 (6-14) 中，$n$ 为火电机组编号；$N$ 为火电机组总数；$t$ 为调度时段；$T$ 为调度时段总数；$P_{n,t}$ 为第 $n$ 台火电机组在时段 $t$ 输出的有功功率；$P_n^{\min}$ 为第 $n$ 台火电机组有功出力下限；$a_n$、$b_n$、$c_n$ 为燃料成本系数；$d_n$、$e_n$ 为阀点效应成本系数；$k^{\mathrm{u}}$、$k^{\mathrm{d}}$ 为风电高估、低估成本惩罚系数，也称上、下旋转备用容量成本系数；$r_{n,t}^{\mathrm{u}}$、$r_{n,t}^{\mathrm{d}}$ 分别为第 $n$ 台火电机组在时刻 $t$ 提供的上、下旋转备用容量。

### 6.5.2 约束条件

1) 系统功率平衡约束

功率平衡约束为等式约束，有些模型中还考虑了电力系统的网络损耗 $P^{\mathrm{loss}}$：

$$\sum_{n=1}^{N} P_{n,t} + w_t^{\mathrm{f}} = L_t^{\mathrm{f}} + P_t^{\mathrm{loss}} \tag{6-15}$$

$$P_t^{\mathrm{loss}} = \sum_{i}^{N} \sum_{j}^{N} P_i B_{i,j} P_j + \sum_{i}^{N} P_i B_{i,1} + B_{1,1} \tag{6-16}$$

式中，$L_t^{\mathrm{f}}$、$w_t^{\mathrm{f}}$ 分别为时段 $t$ 电力系统有功负荷、风电场输出有功功率的预测值；网络损耗 $P_t^{\mathrm{loss}}$ 可采用最小二乘 $B$ 系数法计算 [9]，$B_{i,j}$、$B_{i,1}$、$B_{1,1}$ 为网损系数。

2) 机组有功出力约束

$$P_n^{\min} < P_{n,t} < P_n^{\max} \tag{6-17}$$

式中，$P_n^{\max}$、$P_n^{\min}$ 分别为第 $n$ 台火电机组有功出力上、下限。

3) 机组出力爬坡约束

$$\begin{cases} P_{n,t} - P_{n,t-1} < \mathrm{UR}_n \cdot \Delta t \\ P_{n,t-1} - P_{n,t} < \mathrm{DR}_n \cdot \Delta t \end{cases} \tag{6-18}$$

式中，$\mathrm{UR}_n$、$\mathrm{DR}_n$ 为第 $n$ 台火电机组单位时间的上、下爬坡率；$\Delta t$ 为时间间隔，本章取 1 h。

4) 系统旋转备用容量约束

模型中所述式 (6-13) 和式 (6-14) 的风电出力高、低估成本通常以旋转备用容量约束的形式体现 [10]。为应对火电机组运行时可能出现的故障、停运以及负荷预测带来的误差，需设置一定的备用容量来补偿，以确保电力系统的稳定运行。无风电时系统上、下旋转备用容量约束如下。

系统的上旋转备用约束：

$$\begin{cases} k^{\mathrm{l}}L_t^{\mathrm{f}} \leqslant r_t^{\mathrm{u}} = \sum\limits_{n=1}^{N} r_{n,t}^{\mathrm{u}} \\ r_{n,t}^{\mathrm{u}} = \min\left(P_n^{\max} - P_{n,t}, \mathrm{UR}_n \cdot \Delta t\right) \end{cases} \tag{6-19}$$

系统的下旋转备用约束：

$$\begin{cases} k^{\mathrm{l}}L_t^{\mathrm{f}} \leqslant r_t^{\mathrm{d}} = \sum\limits_{n=1}^{N} r_{n,t}^{\mathrm{d}} \\ r_{n,t}^{\mathrm{d}} = \min\left(P_{n,t} - P_n^{\min}, \mathrm{DR}_n \cdot \Delta t\right) \end{cases} \tag{6-20}$$

式中，$k^{\mathrm{l}}$ 为负荷预测误差对系统旋转备用的需求系数；$r_t^{\mathrm{u}}$、$r_t^{\mathrm{d}}$ 分别为所有火电机组在时刻 $t$ 能提供的上、下旋转备用总容量。

在风电场接入的情况下，考虑风电出力的不确定性，对其预测误差远大于对系统负荷的预测误差，需设置更多的备用容量降低可能出现的风电缺失甚至停运造成的失负荷风险以及风电盈余造成的系统频率过高风险。充分考虑以上情况，提出含风电时的上、下旋转备用容量约束如下。

含风电系统的上旋转备用约束：

$$\begin{cases} k^{\mathrm{l}}L_t^{\mathrm{f}} + k^{\mathrm{w}}w_t^{\mathrm{f}} \leqslant r_t^{\mathrm{u}} = \sum\limits_{n=1}^{N} r_{n,t}^{\mathrm{u}} \\ r_{n,t}^{\mathrm{u}} = \min\left(P_n^{\max} - P_{n,t}, \mathrm{UR}_n \cdot \Delta t\right) \end{cases} \tag{6-21}$$

含风电系统的下旋转备用约束：

$$\begin{cases} k^{\mathrm{l}}L_t^{\mathrm{f}} + k^{\mathrm{w}}w_t^{\mathrm{f}} \leqslant r_t^{\mathrm{d}} = \sum\limits_{n=1}^{N} r_{n,t}^{\mathrm{d}} \\ r_{n,t}^{\mathrm{d}} = \min\left(P_{n,t} - P_n^{\min}, \mathrm{DR}_n \cdot \Delta t\right) \end{cases} \tag{6-22}$$

式中，$k^{\mathrm{w}}$ 为风电功率预测误差对系统旋转备用的需求系数。

IRMO 求解调度模型的流程如图 6-2 所示。

### 6.5.3　IEEE 30 节点系统调度优化求解

以含 2 座风电场的 6 机组 IEEE 30 节点系统作为算例，机组参数见表 6-4[5]。

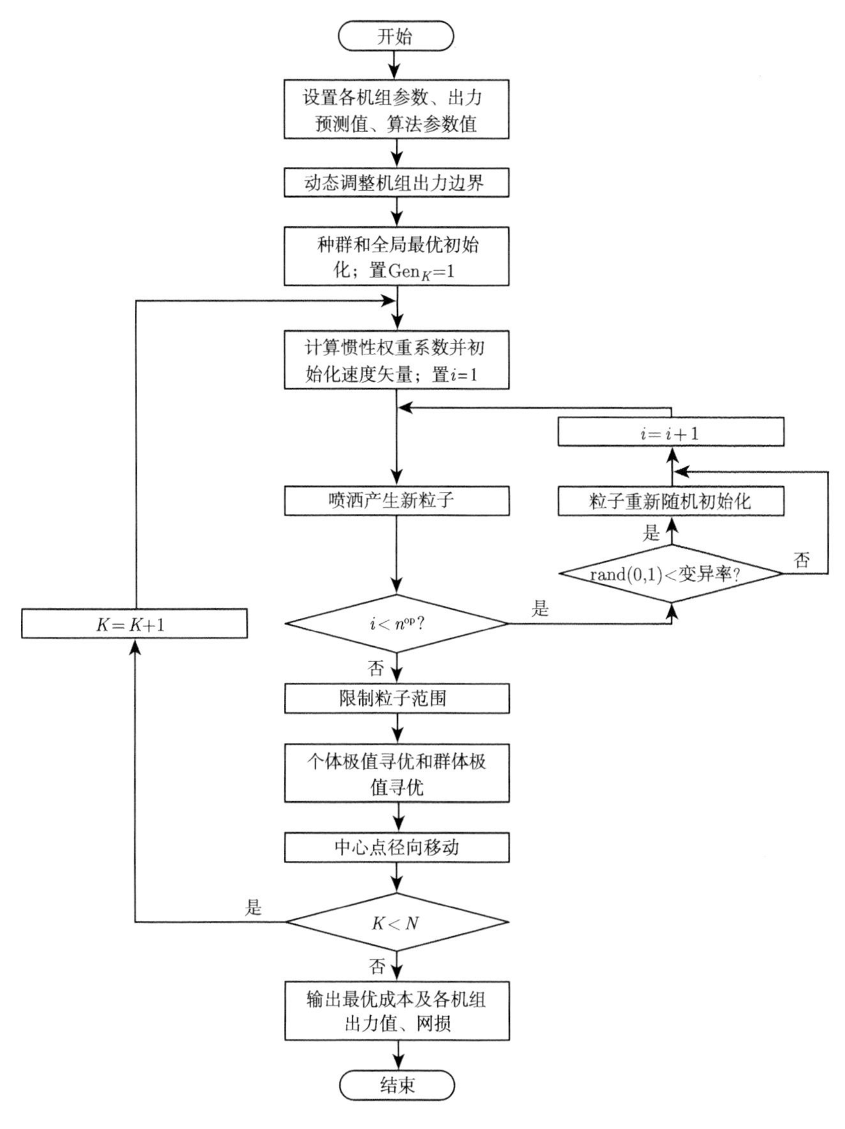


图 6-2　IRMO 求解调度模型流程图

**表 6-4　IEEE30 节点测试系统参数**

| 系数 | | G1 | G2 | G3 | G4 | G5 | G6 |
|---|---|---|---|---|---|---|---|
| 成本 | $a$ | 2000 | 2500 | 6000 | 923.4 | 950 | 124.8 |
| | $b$ | 10 | 15 | 9 | 18 | 20 | 23.4 |
| | $c$ | 0.002 | 0.0025 | 0.0018 | 0.00315 | 0.0032 | 0.003432 |
| | $d$ | 200 | 300 | 400 | 150 | 100 | 80 |
| | $f$ | 0.08 | 0.04 | 0.04 | 0.06 | 0.08 | 0.10 |

模型中考虑式 (6-10) 的所有项，不考虑网损和备用约束，算法参数取值 $n^{\rm op}=50$、$\rm Gen_N=200$，其他参数设置、算法运行平台与 6.3 节相同。分别计算系统负荷为 1200 MW、1400 MW 和 1600 MW 时的 1~6 号机组出力、总出力 (MW) 和总成本 (美元)，并与文献 [5] 所提 QPSO 算法和文献 [6] 所提 GABC 算法的结果对比。

首先，不考虑风电并网，设置 $n^{\rm od}=6$，利用 IRMO 求解无风电模型，结果见表 6-5。然后，在上述 6 机组系统中并入 7、8 号 2 座风电场，设置 $n^{\rm od}=8$，利用 IRMO 求解含风电模型，结果见表 6-6。

**表 6-5 无风电模型不同负荷下各算法优化结果**

| 机组编号 | 1200 MW | | | 1400 MW | | | 1600 MW | | |
|---|---|---|---|---|---|---|---|---|---|
| | QPSO | GABC | IRMO | QPSO | GABC | IRMO | QPSO | GABC | IRMO |
| 1 | 107.73 | 98.65 | 98.54 | 108.60 | 99.09 | 98.54 | 109.94 | 110.00 | 98.68 |
| 2 | 99.92 | 99.89 | 98.54 | 99.63 | 98.76 | 98.54 | 99.34 | 100.00 | 98.63 |
| 3 | 582.54 | 592.14 | 591.24 | 588.73 | 591.46 | 591.24 | 578.78 | 599.93 | 592.89 |
| 4 | 259.03 | 259.32 | 261.68 | 416.16 | 419.24 | 424.15 | 509.34 | 477.11 | 424.18 |
| 5 | 110.42 | 110.00 | 110.00 | 146.86 | 151.45 | 147.53 | 259.72 | 272.96 | 345.62 |
| 6 | 40.36 | 40.00 | 40.00 | 40.01 | 40.00 | 40.00 | 42.88 | 40.00 | 40.00 |
| 总功率/MW | 1200 | 1200 | 1200 | 1400 | 1400 | 1400 | 1600 | 1600 | 1600 |
| 总成本/美元 | 29556 | 29147 | 29110 | 33687 | 33187 | 33133 | 37842 | 37502 | 37445 |

**表 6-6 含风电模型不同负荷下各算法优化结果**

| 机组编号 | 1200 MW | | | 1400 MW | | | 1600 MW | |
|---|---|---|---|---|---|---|---|---|
| | QPSO | GABC | IRMO | QPSO | GABC | IRMO | QPSO | IRMO |
| 1 | 103.56 | 97.05 | 106.36 | 94.39 | 102.34 | 99.36 | 95.27 | 65.03 |
| 2 | 99.09 | 100.00 | 20.09 | 96.53 | 100.00 | 95.48 | 97.95 | 98.56 |
| 3 | 567.66 | 592.77 | 593.47 | 594.24 | 599.97 | 596.55 | 568.87 | 590.71 |
| 4 | 211.64 | 110.08 | 111.77 | 319.46 | 267.50 | 266.65 | 452.13 | 477.08 |
| 5 | 138.05 | 110.00 | 149.37 | 177.16 | 110.00 | 150.66 | 266.23 | 186.44 |
| 6 | 40.25 | 40.12 | 69.59 | 43.95 | 70.19 | 41.42 | 49.52 | 40.88 |
| 7 | 8.32 | 90.00 | 90.00 | 15.80 | 90.00 | 90.00 | 10.91 | 81.34 |
| 8 | 31.42 | 59.97 | 59.35 | 58.47 | 60.00 | 59.88 | 59.12 | 59.96 |
| 总功率/MW | 1200 | 1200 | 1200 | 1400 | 1400 | 1400 | 1600 | 1600 |
| 总成本/美元 | 29513 | 27710 | 26936 | 33530 | 31741 | 30355 | 37602 | 34965 |

由表 6-5 中无风电模型的优化结果可见，1200 MW 负荷下，QPSO、GABC 算法和 IRMO 所得结果总成本分别为 29556 美元、29147 美元和 29110 美元，相比之下，IRMO 比 QPSO 结果成本减少了 446 美元，比 GABC 减少了 37 美元，1400 MW 负荷和 1600 MW 负荷下 IRMO 所得结果总成本在 3 种算法中同样也是最优的。可见，IRMO 在 3 种负荷情况下均可得到满足系统负荷需求的解，且所得

成本在 3 种算法中最低，这在大规模电力系统中节省成本差距会更大，说明 IRMO 具有良好的寻优能力和计算精度，能跳出局部最优找到全局最优解，从而为此类模型求解及为决策者提供更好的调度方案。各负荷下 6 机组总出力与系统负荷相等，满足功率平衡约束。

由表 6-6 中含风电模型的优化结果可见，1200 MW 负荷下，QPSO、GABC 算法和 IRMO 所得结果总成本分别为 29513 美元、27710 美元和 26936 美元，相比之下，IRMO 比 QPSO 结果成本减少了 2577 美元，比 GABC 减少了 774 美元，1400 MW 负荷和 1600 MW 负荷下 IRMO 所得结果总成本也是最优的，从而验证了 IRMO 的寻优性能。各负荷下 6 机组和 2 座风电场总出力与系统负荷相等，满足功率平衡约束。

### 6.5.4 IEEE 39 节点系统调度优化求解

以含 1 座风电场的 10 机组 IEEE 39 节点系统作为算例研究，模型中考虑式 (6-10) 中的所有项，考虑网损和备用约束，取 $k^{\mathrm{w}}=25\%$、$k^{\mathrm{l}}=5\%$，调度周期 $H=24$ h，时间间隔为 1 h。并网风电场装机容量为 100 MW，机组参数和网损系数见文献 [11]，设置 $n^{\mathrm{od}}=10$，其他参数取值与 6.5.3 节相同，各时段系统负荷预测值、风电功率预测值见表 6-7。

表 6-7 各时段负荷预测值及风电功率预测值 (单位：MW)

| 时段 | 负荷预测值 | 风电功率预测值 | 时段 | 负荷预测值 | 风电功率预测值 |
|---|---|---|---|---|---|
| 1 | 1036 | 55 | 13 | 2072 | 65 |
| 2 | 1110 | 50 | 14 | 1924 | 72 |
| 3 | 1258 | 65 | 15 | 1776 | 90 |
| 4 | 1406 | 48 | 16 | 1554 | 100 |
| 5 | 1480 | 38 | 17 | 1480 | 85 |
| 6 | 1628 | 48 | 18 | 1628 | 68 |
| 7 | 1702 | 55 | 19 | 1776 | 60 |
| 8 | 1776 | 48 | 20 | 1972 | 70 |
| 9 | 1924 | 32 | 21 | 1924 | 75 |
| 10 | 2022 | 20 | 22 | 1628 | 90 |
| 11 | 2106 | 40 | 23 | 1332 | 80 |
| 12 | 2150 | 50 | 24 | 1184 | 75 |

首先考虑无风电的情况，利用 IRMO 对调度模型求解。得到 24 h 各时段的机组出力、网损和成本如表 6-8 所示，24 h 系统消耗总成本为 2476739 美元。将各机组承担的功率以堆叠图表示，负荷和网损之和以折线图表示，得到功率平衡验证如图 6-3 所示。可见，此调度组合满足功率平衡约束。

**表 6-8　无风电系统各时段机组出力、网损及成本**

| 时段 | 各时段各常规机组出力/MW | | | | | | | | | | 网损/MW | 成本/美元 |
|---|---|---|---|---|---|---|---|---|---|---|---|---|
| | 1 | 2 | 3 | 4 | 5 | 6 | 7 | 8 | 9 | 10 | | |
| 1 | 150.00 | 135.00 | 85.35 | 61.03 | 172.96 | 147.13 | 129.54 | 85.35 | 45.90 | 43.48 | 19.76 | 61559 |
| 2 | 150.00 | 135.00 | 162.91 | 65.02 | 222.00 | 148.64 | 129.63 | 85.33 | 20.00 | 14.00 | 22.54 | 65164 |
| 3 | 150.00 | 135.00 | 184.83 | 115.00 | 238.65 | 159.68 | 125.03 | 115.00 | 20.03 | 43.40 | 28.61 | 72384 |
| 4 | 157.35 | 135.47 | 265.00 | 165.00 | 243.00 | 131.30 | 129.88 | 120.00 | 50.00 | 44.83 | 35.89 | 80798 |
| 5 | 150.00 | 135.00 | 297.48 | 183.15 | 239.65 | 160.00 | 110.95 | 120.00 | 79.95 | 43.48 | 39.69 | 84654 |
| 6 | 150.00 | 177.23 | 340.00 | 232.96 | 242.97 | 160.00 | 129.98 | 119.97 | 79.49 | 43.81 | 48.42 | 94739 |
| 7 | 150.00 | 210.92 | 335.98 | 282.00 | 243.00 | 160.00 | 123.82 | 120.00 | 79.98 | 49.51 | 53.25 | 100350 |
| 8 | 201.98 | 222.28 | 339.91 | 300.00 | 236.82 | 160.00 | 129.98 | 120.00 | 80.00 | 43.57 | 58.59 | 106700 |
| 9 | 264.54 | 302.00 | 340.00 | 300.00 | 243.00 | 160.00 | 129.98 | 120.00 | 80.00 | 55.00 | 70.59 | 123180 |
| 10 | 293.68 | 381.43 | 340.00 | 298.47 | 243.00 | 160.00 | 129.99 | 120.00 | 79.95 | 55.00 | 79.63 | 136000 |
| 11 | 306.07 | 459.96 | 340.00 | 300.00 | 243.00 | 160.00 | 130.00 | 120.00 | 80.00 | 55.00 | 88.09 | 148310 |
| 12 | 376.27 | 438.11 | 340.00 | 300.00 | 243.00 | 160.00 | 130.00 | 120.00 | 80.00 | 55.00 | 92.48 | 155390 |
| 13 | 331.59 | 396.82 | 339.99 | 299.97 | 243.00 | 160.00 | 130.00 | 120.00 | 80.00 | 55.00 | 84.46 | 143050 |
| 14 | 252.00 | 317.00 | 339.05 | 300.00 | 243.00 | 160.00 | 129.56 | 119.98 | 79.90 | 54.10 | 70.63 | 123160 |
| 15 | 196.44 | 237.00 | 323.45 | 299.98 | 232.93 | 159.98 | 129.96 | 120.00 | 79.93 | 54.90 | 58.65 | 107540 |
| 16 | 150.00 | 157.00 | 297.38 | 250.03 | 242.80 | 127.97 | 129.63 | 120.00 | 79.69 | 43.44 | 43.99 | 89424 |
| 17 | 150.00 | 157.00 | 220.95 | 241.33 | 222.62 | 160.00 | 129.58 | 120.00 | 74.53 | 43.41 | 39.48 | 85121 |
| 18 | 150.00 | 200.91 | 297.54 | 291.00 | 229.45 | 139.98 | 129.92 | 120.00 | 70.05 | 47.72 | 48.60 | 95392 |
| 19 | 214.65 | 247.00 | 297.17 | 300.00 | 242.94 | 160.00 | 129.64 | 119.99 | 79.98 | 43.46 | 58.84 | 108170 |
| 20 | 294.00 | 324.91 | 340.00 | 300.00 | 243.00 | 160.00 | 129.94 | 120.00 | 80.00 | 55.00 | 74.90 | 129260 |
| 21 | 259.09 | 308.14 | 339.97 | 300.00 | 242.92 | 159.89 | 130.00 | 119.97 | 79.99 | 54.64 | 70.60 | 123030 |
| 22 | 180.00 | 229.00 | 284.86 | 293.22 | 222.61 | 122.46 | 129.61 | 120.00 | 52.06 | 43.38 | 49.24 | 97251 |
| 23 | 150.00 | 149.00 | 206.75 | 244.00 | 173.10 | 123.42 | 129.79 | 91.63 | 52.06 | 44.32 | 32.14 | 77266 |
| 24 | 150.00 | 135.00 | 153.69 | 194.07 | 172.72 | 122.41 | 129.65 | 85.27 | 23.06 | 43.43 | 25.31 | 68847 |
| 合计 | 4978 | 5726 | 6812 | 5916 | 5522 | 3623 | 3086 | 2743 | 1607 | 1129 | 1294 | 2476739 |

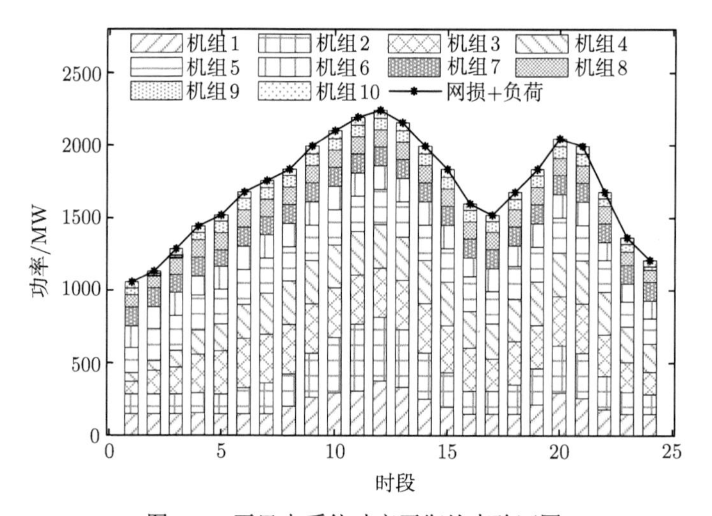


图 6-3　无风电系统功率平衡约束验证图

为验证算法寻优性能，将此次调度得到的最优解与近年采用相同模型和数据的算法横向对比，由于采用多时段动态调度模型的相关文献中算法大多是多目标优化架构，单目标架构文献较少，故本节比较的数据来自相关文献 Pareto 解中的经济最优结果，具体结果如表 6-9 所示。

**表 6-9 各算法 24 h 优化结果及对比**

| 算法 | 计算时间/s | 24 h 总成本/美元 |
|---|---|---|
| IRMO | 11.6 | 2476739 |
| IMOEA/D-CH[12] | — | 2480200 |
| MAMODE[13] | 505 | 2492451 |
| IBFA[14] | 5.2 | 2481733 |
| RCGA/NSGA-II[11] | 1080 | 2516800 |

与 IMOEA/D-CH 算法的结果相比，IRMO 结果总成本减少了 3461 美元，与 RCGA/NSGA-II 两种算法的最优解相比，IRMO 结果总成本减少了 40061美元，在所比较算法中，IRMO 结果总成本是最低的，说明 IRMO 具有良好的寻优能力和计算精度。从算法速度上看，IRMO 仅需耗时 11.6 s，远低于 MAMODE 算法的 505 s 和 RCGA/NSGA-II 算法的 1080 s。由此可见，MAMODE 和 RCGA/NSGA-II 算法计算步骤复杂、效率低，需占用大量存储器资源，而 IRMO 对存储器资源占用少、步骤简练、效率高，在处理高维度、多约束的经济调度问题上有很大优势。与 IBFA 相比，IRMO 计算时间与其相近，但优化结果总成本比其减少 4994美元，说明 IRMO 能够在保证快速性的情况下不失精确性，从而在调度过程中既节约时间又能为决策者找到更经济合理的调度方案。

现考虑含 1 座风电场并网的情况，利用 IRMO 对含风电调度模型求解，得到 24 h 各时段的机组出力、网损和成本如表 6-10 所示，24 h 系统消耗总成本为 2354827美元。功率平衡验证如图 6-4 所示，可见，此调度组合满足功率平衡约束。

**表 6-10 含风电系统各时段机组出力、网损及成本**

| 时段 | 各时段各常规机组出力/MW | | | | | | | | | | 网损/MW | 成本/美元 |
|---|---|---|---|---|---|---|---|---|---|---|---|---|
| | 1 | 2 | 3 | 4 | 5 | 6 | 7 | 8 | 9 | 10 | | |
| 1 | 150.00 | 135.00 | 136.53 | 60.00 | 172.81 | 61.24 | 129.49 | 120.00 | 20.00 | 13.89 | 17.97 | 59049 |
| 2 | 150.00 | 135.00 | 80.78 | 68.76 | 222.00 | 111.00 | 120.08 | 120.00 | 30.19 | 43.00 | 20.83 | 62872 |
| 3 | 150.00 | 135.00 | 157.38 | 117.96 | 222.56 | 122.81 | 129.64 | 119.99 | 20.01 | 43.46 | 25.83 | 68606 |
| 4 | 150.00 | 136.19 | 236.79 | 167.00 | 222.41 | 160.00 | 129.83 | 95.55 | 49.91 | 43.51 | 33.20 | 77994 |
| 5 | 150.00 | 135.00 | 292.55 | 180.79 | 222.59 | 154.57 | 128.59 | 119.98 | 52.08 | 43.42 | 37.61 | 81807 |
| 6 | 150.00 | 175.49 | 321.68 | 229.97 | 242.91 | 159.99 | 129.88 | 120.00 | 52.10 | 43.45 | 45.48 | 91652 |
| 7 | 150.00 | 195.34 | 298.54 | 276.13 | 233.04 | 159.99 | 129.92 | 120.00 | 80.00 | 53.52 | 49.54 | 96326 |
| 8 | 154.83 | 222.28 | 339.91 | 300.00 | 242.95 | 140.91 | 129.97 | 120.00 | 80.00 | 52.31 | 55.23 | 102210 |

续表

| 时段 | 各时段各常规机组出力/MW | | | | | | | | | | 网损/MW | 成本/美元 |
|---|---|---|---|---|---|---|---|---|---|---|---|---|
| | 1 | 2 | 3 | 4 | 5 | 6 | 7 | 8 | 9 | 10 | | |
| 9 | 229.78 | 302.00 | 340.00 | 300.00 | 243.00 | 160.00 | 130.00 | 120.00 | 80.00 | 55.00 | 67.84 | 118830 |
| 10 | 287.78 | 364.00 | 339.95 | 300.00 | 243.00 | 160.00 | 129.99 | 120.00 | 80.00 | 54.92 | 77.70 | 133460 |
| 11 | 324.43 | 397.36 | 340.00 | 300.00 | 243.00 | 160.00 | 130.00 | 120.00 | 80.00 | 54.99 | 83.87 | 142070 |
| 12 | 362.42 | 396.76 | 340.00 | 300.00 | 243.00 | 160.00 | 130.00 | 120.00 | 80.00 | 55.00 | 87.28 | 147370 |
| 13 | 295.28 | 375.82 | 340.00 | 299.99 | 243.00 | 160.00 | 130.00 | 119.98 | 66.36 | 54.95 | 78.40 | 135030 |
| 14 | 216.00 | 296.00 | 328.70 | 300.00 | 242.96 | 160.00 | 129.60 | 120.00 | 80.00 | 43.42 | 64.72 | 115250 |
| 15 | 216.00 | 216.01 | 296.14 | 250.00 | 230.17 | 159.95 | 128.29 | 120.00 | 78.69 | 43.43 | 52.73 | 101370 |
| 16 | 216.00 | 137.00 | 217.00 | 241.20 | 203.19 | 133.34 | 129.58 | 119.99 | 52.07 | 43.41 | 38.80 | 86027 |
| 17 | 150.00 | 135.00 | 185.21 | 241.16 | 222.61 | 160.00 | 129.49 | 110.95 | 52.05 | 43.43 | 34.93 | 79287 |
| 18 | 150.00 | 156.57 | 265.00 | 283.37 | 223.29 | 152.78 | 129.61 | 120.00 | 79.99 | 43.42 | 44.08 | 89973 |
| 19 | 188.09 | 221.80 | 279.93 | 300.00 | 243.00 | 160.00 | 129.91 | 120.00 | 80.00 | 47.63 | 54.38 | 102450 |
| 20 | 241.74 | 300.96 | 340.00 | 299.97 | 243.00 | 160.00 | 129.90 | 120.00 | 80.00 | 55.00 | 68.68 | 120260 |
| 21 | 217.73 | 278.84 | 340.00 | 300.00 | 243.00 | 160.00 | 129.97 | 120.00 | 80.00 | 43.77 | 64.34 | 114600 |
| 22 | 150.00 | 200.03 | 284.00 | 250.03 | 235.69 | 122.51 | 125.29 | 117.98 | 52.40 | 43.44 | 43.42 | 90023 |
| 23 | 150.00 | 135.00 | 205.00 | 201.00 | 222.64 | 91.71 | 124.74 | 88.04 | 23.00 | 39.39 | 28.52 | 73060 |
| 24 | 150.00 | 135.02 | 162.77 | 159.42 | 222.48 | 57.01 | 129.59 | 85.32 | 20.00 | 10.00 | 22.63 | 65251 |
| 合计 | 4750.1 | 5317.5 | 6467.9 | 5726.8 | 5528.3 | 3387.8 | 3093.4 | 2777.8 | 1448.9 | 1067.8 | 1198.0 | 2354827 |

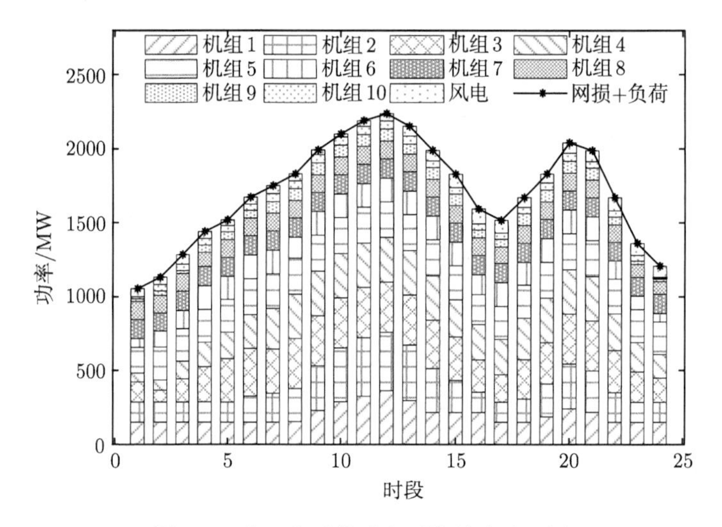


图 6-4 含风电系统功率平衡约束验证图

同样为验证算法的寻优性能，将所求总成本与文献 [12] 中所提 IMOEA/D-CH 算法及 NSGA-II-CH 算法横向比较，结果见表 6-11。

比较可知，IRMO 在含风电并网模型优化求解方面仍比其他两种算法出色，与 IMOEA/D-CH 算法结果相比，IRMO 结果总成本减少了 4973美元，与 NSGA-II-

CH 算法结果相比，IRMO 结果总成本减少了 22873美元。可见，IRMO 能够为决策者提供更经济的调度方案。

**表 6-11　各算法优化结果对比**

| 算法 | 24 h 总成本/美元 |
|---|---|
| IRMO | 2354827 |
| IMOEA/D-CH | 2359800 |
| NSGA-II-CH | 2377700 |

## 6.6 本章小结

本章提出一种改进的径向移动算法 IRMO，结合遗传算法种群变异的思想，在迭代过程中随机对一部分粒子进行突变，改善种群多样性，避免陷入局部最优；并引入凹抛物线式的惯性权值非线性递减策略，提高算法中后期的搜索精度，更易找到全局最优解。最后利用测试函数和电网测试系统对算法进行测试，验证了 IRMO 在求解复杂优化函数和电力系统经济调度模型方面的能力 [15]。

## 参 考 文 献

[1] Seyedmahmoudian M, Soon T K, Horan B, et al. New ARMO-based MPPT technique to minimize tracking time and fluctuation at output of PV systems under rapidly changing shading conditions. IEEE Transactions on Industrial Informatics, 2019, 1(1): 99.

[2] Rahmani R, Yusof R. A new simple, fast and efficient algorithm for global optimization over continuous search-space problems: Radial movement optimization. Applied Mathematics and Computation, 2014, 248: 287-300.

[3] Das S, Abraham A, Konar A. Particle swarm optimization and differential evolution algorithms: Technical analysis, applications and hybridization perspectives. International Journal of Computational Intelligence Studies, 2008, 116: 1-38.

[4] 王豹, 徐箭, 孙元章, 等. 基于通用分布的含风电电力系统随机动态经济调度. 电力系统自动化, 2016, 40(6): 17-24.

[5] Fang Y, Zhao Y D, Ke M, et al. Quantum-inspired particle swarm optimization for power system operations considering wind power uncertainty and carbon tax in Australia. IEEE Transactions on Industrial Informatics, 2012, 8(4): 880-888.

[6] Jadhav H T, Roy R. Gbest guided artificial bee colony algorithm for environmental/economic dispatch considering wind power. Expert Systems with Applications, 2013, 40(16): 6385-6399.

[7] 董晓天, 严正, 冯冬涵, 等. 计及风电出力惩罚成本的电力系统经济调度. 电网技术, 2012, 36(8): 76-80.

[8] Li H, Romero C E, Zheng Y. Economic dispatch optimization algorithm based on particle diffusion. Energy Conversion and Management, 2015, 105: 1251-1260.

[9] Zia F, Nasir M, Bhatti A A. Optimization methods for constrained stochastic wind power economic dispatch//Power Engineering and Optimization Conference, Langkawi, Malaysia, 2013: 129-133.

[10] 周玮, 彭昱, 孙辉, 等. 含风电场的电力系统动态经济调度. 中国电机工程学报, 2009, 29(25): 13-18.

[11] Basu M. Dynamic economic emission dispatch using nondominated sorting genetic algorithm-II. International Journal of Electrical Power and Energy Systems, 2008, 30(2): 140-149.

[12] Attaviriyanupap P, Kita H, Tanaka E. A hybrid EP and SQP for dynamic economic dispatch with nonsmooth fuel cost function. IEEE Transactions on Power Systems, 2002, 17(2): 411-416.

[13] Jiang X W, Zhou J Z, Wang H, et al. Dynamic environmental economic dispatch using multiobjective differential evolution algorithm with expanded double selection and adaptive random restart. International Journal of Electrical Power and Energy Systems, 2013, 49(1): 399-407.

[14] Pandit N, Tripathi A, Tapaswi S, et al. An improved bacterial foraging algorithm for combined static/dynamic environmental economic dispatch. Applied Soft Computing, 2012, 12(11): 3500-3513.

[15] 张容畅, 韩丽, 刘文涛, 等. 基于改进径向移动算法的含风电场电力系统优化调度. 太阳能学报, 2020, 41(1): 225-235.

# 第 7 章　基于粒子扩散算法的含风电调度模型优化求解方法

## 7.1　引　　言

本章提出一种基于粒子扩散 (diffusion particle optimization，DPO) 算法的调度模型优化求解方法。在该算法中，控制粒子模仿布朗扩散运动，使得粒子可以在整个定义区域内搜索以寻得最优解。然后，建立一个包含火电厂燃料成本、污染物治理成本和风电成本的电网调度模型，并用 DPO 方法求解。

## 7.2　粒子寻优算法基本原理及存在问题

粒子搜索可以迅速寻找最优解，已广泛应用于复杂的调度模型求解中，主要有粒子群算法 [1]、人工蜂群算法 [2,3]、细菌觅食算法 [4]、萤火虫算法 [5]、蜜蜂交配优化算法 [6]、蚁群优化算法 [7] 以及这些算法的改进等 [8−16]。粒子可以是蚂蚁、蜜蜂或萤火虫等具有生物特征的寻优群体。在这些算法中，信息在粒子之间传递，引导粒子移动，最终收敛到最优解。以粒子群算法为例，粒子的位置和速度调整公式如下：

$$V(i+1)=\omega\cdot V(i)+C_1\cdot(Y_{\mathrm{best}}-x(i))+C_2\cdot(P_{\mathrm{best}}-x(i)) \tag{7-1}$$

$$x(i+1)=x(i)+V(i+1) \tag{7-2}$$

式中，$V(i)$ 是粒子移动速度；$x(i)$ 是粒子位置；$Y_{\mathrm{best}}$ 是历史最优结果；$P_{\mathrm{best}}$ 是本步寻优最优结果；$C_1$ 和 $C_2$ 是位置和速度调整的系数；$\omega$ 是衡量上一步迭代影响的系数。

在寻优的过程中，没有粒子知道真正的全局最优解的位置，但是它们知道整个群体已经巡历过区域的最优位置和最优解，以及粒子所在位置与最优位置之间的距离。根据这些信息一次次迭代，调整其位置，直到所有粒子集中到最优位置。然而，目前尚无法证明 PSO 是否能够收敛于全局最优，粒子有可能被吸引并且被困在局部最优位置。

为了避免陷入局部最优，当前有许多改进算法，包括：①随机因子。随机因子被用在粒子移动、交叉、新粒子产生或最佳粒子跳跃的过程中，可增加找到全局最优的概率。②历史最佳记忆。通过该记忆保存每个粒子的历史最佳位置以充分利用粒子的记忆。③权重调整。调整等式 (7-1) 中的 $C_1$、$C_2$ 和 $\omega$ 在不同的迭代中数值大小，避免粒子被“过早地”陷入局部最优状态。

全局最优可能存在于定义区域内的任何位置。这些方法虽然可以在一定程度上避免陷入局部最优解，但是依然无法保证能够找到全局最优。在电网调度模型的求解中，局部最优解意味着较大的经济损失。

## 7.3 基于粒子扩散的优化算法

### 7.3.1 基于布朗运动的寻优粒子扩散

初始位置随机确定，在迭代过程中粒子模仿分子布朗运动扩散移动，直至寻到全局最优解。

粒子的移动规则见式 (7-3)：

$$B(t+1,i)=B(t,i)+c(t,i) \tag{7-3}$$

式中，$B$ 是粒子的位置；$t$ 是迭代次数；$i$ 是解的维度；$c$ 是步长，$c\sim N(0,\sigma^2 t)$。为简单起见，不失一般性，下面以一维移动进行说明。

标准布朗运动是一个随机过程，可以定义为 $B(t)$，对于 $t\geqslant 0$，具有以下属性：

(1) 在长度为 $t$-$s$ 的区间上每个增量 $B(t)-B(s)$ 通常以均值 0 和方差 $t$-$s$ 分布，即

$$B(t)-B(s)\sim N(0;t\text{-}s)$$

(2) 对于每对不相交的时间间隔 $[t_1, t_2]$ 和 $[t_3, t_4]$，$t_1<t_2<t_3<t_4$，增量 $B(t_4)-B(t_3)$ 和 $B(t_2)-B(t_1)$ 是独立的。

(3) $B(0)=0$。

(4) $B(t)$ 对于所有 $t$ 是连续的。

如果 $B(0)=0$ 且 $\sigma^2=1$，则是标准布朗运动。$B^x(t)$ 表示从 $x$ 开始的运动，即

$$B^x(t)=x+B^0(t)$$

根据该定义，式 (7-3) 的运动是一种维纳过程 (布朗运动)，已被证明是一种马尔可夫链 [17]。

### 7.3.2 扩散密度

粒子扩散微分方程见式 (7-4)[18]：

$$\frac{\partial d}{\partial t}=D\frac{\partial^2 d(x,t)}{\partial x^2} \tag{7-4}$$

式中，$d(x, t)$ 是在 $t$ 时刻、坐标 $x$ 位置的粒子概率密度分布，也可认为是扩散密度；$D$ 是粒子的扩散系数。在该等式中，每个粒子的初始位置均在定义域的中心。

式 (7-4) 的解如式 (7-5) 所示：

$$d(x,t) = \frac{n}{\sqrt{4\pi D}} \cdot \frac{\mathrm{e}^{-\frac{x^2}{4Dt}}}{\sqrt{t}} \tag{7-5}$$

式中，$n$ 是粒子的数量。

通过求解式 (7-5)，计算出粒子扩散密度 $d(x, t)$。当 $d(x, t)$ 在几次迭代中保持不变时，粒子的扩散寻优运动结束，该过程中的最小值即为最优解。

### 7.3.3 粒子扩散算法步骤

粒子扩散算法步骤如下所示：

步骤 1 初始生成 $n$ 个粒子，定义全局最优解初始值 $G_{\text{best}}$；

步骤 2 粒子根据等式 (7-3) 计算粒子扩散的位置 $B_n(t)$；

步骤 3 计算适应值 $f(B_n(t))$；

步骤 4 如果 $f(B_n(t)) < G_{\text{best}}$，那么 $G_{\text{best}} = f(B_n(t))$；

步骤 5 根据式 (7-5) 计算扩散密度 $d$ 值，如果 $d$ 小于设定值 $d_{\min}$，则寻优停止。否则，返回步骤 2。

## 7.4 考虑机组污染物治理和风电成本的经济调度模型

电网运行成本包含多个方面，主要有火电厂燃煤成本、排放污染物治理成本和风电场的安装、运行维护成本。本章提出的调度优化模型以成本最小化为目标，目标函数如式 (7-6) 所示：

$$C = \sum_{i=1}^{n} F_i + \sum_{i=1}^{n} E_i + \sum_{i=1}^{m} R_i \tag{7-6}$$

式中，$C$ 是总成本；$F$ 是燃料成本，这取决于电厂的发电量和运行效率，燃料成本表达式见 6.5 节；$E$ 是污染物治理成本，取决于燃料类型、污染物治理方式、治理设备和机组运行状态；$R$ 是风力发电的成本，取决于风力机的类型以及风电场的具体天气状况；$n$ 是化石燃料发电厂的数量；$m$ 是风力涡轮机的数量。

### 7.4.1 污染物治理成本

火电厂大气污染物主要包括锅炉产生的硫氧化物 ($\mathrm{SO}_x$) 和氮氧化物 ($\mathrm{NO}_x$)，每小时总排放量 (t/h) 可用式 (7-7) 表示 [19]：

$$e_i\left(P_i\right) = \sum_{i=1}^{N} 10^{-2}(\alpha_i + \beta_i P_i + \gamma_i P_i^2) + \xi_i \exp(\lambda_i P_i) \tag{7-7}$$

式中，$\alpha_i$，$\beta_i$，$\gamma_i$，$\xi_i$，$\lambda_i$ 是机组 $i$ 的排放系数，取决于锅炉类型、运行条件和燃料类型。$e_i(P_i)$ 是第 $i$ 个机组的污染物排放量。

文献 [19-23] 中将排放量最小化，即最小化公式 (7-7) 当作优化目标。当前火电厂锅炉均安装了污染物控制设备，经过治理后的污染物排放量远低于锅炉的污染物产生量，采用最小化式 (7-7) 作为目标函数已经不符合我国火电厂的实际情况。而随着污染物治理设备应用越来越广泛，污染物的治理成本无法忽略。假设治理成本与排放水平成正比，如式 (7-8) 所示：

$$E_i\left(P_i\right)=E_{ei}e_i\left(P_i\right) \tag{7-8}$$

式中，$E_{ei}$(美元/t) 是第 $i$ 个机组的排放治理成本系数，它取决于排放治理设备、治理方法和燃料类型。除此之外，该成本还包括设备购置成本、安装成本和操作维护成本。

### 7.4.2 风电成本

风电成本常用式 (7-9) 表示 [14,16,24,25]：

$$R_i\left(w_i\right)=C_{\mathrm{w}i}\cdot w_i+C_{\mathrm{u}i}\cdot\left(W_{i,\mathrm{av}}-w_i\right)+C_{\mathrm{o}i}\cdot\left(w_i-W_{i,\mathrm{av}}\right) \tag{7-9}$$

式中，$w_i$ 是第 $i$ 个风力发电机的实际输出功率。$C_{\mathrm{w}i}\cdot w_i$ 代表第 $i$ 个风力发电机的生产成本。虽然风力发电的成本近似为零，但风力发电机的安装、运行和维护成本不容忽视，这些通过成本系数 $C_{\mathrm{w}i}$ 表现出来。$W_{i,\mathrm{av}}$ 是第 $i$ 个风力发电机的可用功率。$C_{\mathrm{u}i}$ 是不使用第 $i$ 个风力发电机所有可用功率的惩罚成本系数，即弃风惩罚系数。$C_{\mathrm{o}i}$ 是电网备用或储能储备成本系数，与电网应对风力不确定性的措施有关。式 (7-9) 中等号右端第二项和第三项分别表示低估和高估风电的附加成本。

当前多采用概率密度函数结合模糊理论来估算风力发电机的可用功率 $W_{\mathrm{av}}$[26]，而风力发电机出力影响因素复杂，不同发电机、不同安装位置以及不同季节的概率密度函数不尽相同，采用概率密度函数估算得到的 $W_{\mathrm{av}}$ 与实际偏差较大。风电的短期预测误差较小，可以采用预测值作为 $W_{\mathrm{av}}$。另外，电网不会给风电场安排超过 $W_{\mathrm{av}}$ 的发电任务，因此公式 (7-9) 中的第三项在实际使用时意义不大。

本章定义的风电成本如式 (7-10) 所示：

$$R_i\left(w_i\right)=C_{\mathrm{w}i}\cdot w_i+C_{\mathrm{u}i}\cdot\left(W_{i,\mathrm{av}}-w_i\right)+C_{\mathrm{r}i}\cdot w_i \tag{7-10}$$

式中，$C_{\mathrm{r}i}$ 是风险系数。$C_{\mathrm{r}i}$ 越大，电网风险越小。

风电的大规模接入降低了电网成本，同时也带来了风险。接入电网的风电比例越大，电网面临的风险就越大。在建立经济调度模型时应考虑到这种潜在风险，

等式 (7-10) 中用第三项代表风电大规模接入带来的风险。另外，以风电预测值作为 $W_{av}$。

模型的约束条件同 6.5.2 节，不再赘述。

## 7.5 算例分析

在本小节中，首先使用测试函数和现有调度模型来验证 DPO 算法的寻优能力，然后分析本章所建优化调度模型的合理性。所有测试均使用 MATLAB 2011b 实现，计算机配置为 Core 2.5 GHz，8 GB RAM 和 Windows 8.1-64。

### 7.5.1 测试函数

利用本章所提 DPO 算法和粒子群算法 (particle swarm optimization, PSO)、差分进化算法 (differential evolution algorithm，DE)、遗传算法 (genetic algorithm，GA) 求解测试函数，测试函数表达式分别见表 6-1 和文献 [29]。100 次求解的错误次数和计算时间如表 7-1 所示。

**表 7-1　100 次求解的错误次数和计算时间**

| 函数名称 | 错误次数 | | | | 计算时间/s | | | |
|---|---|---|---|---|---|---|---|---|
| | PSO | DE | GA | DPO | PSO | DE | GA | DPO |
| Schaffer | 5 | 7 | 6 | 0 | 80.44 | 221.5 | 132.39 | 57.49 |
| Shubert | 9 | 8 | 7 | 0 | 58.41 | 228.75 | 154.41 | 60.2 |
| Rastrigrin | 13 | 17 | 14 | 1 | 61.23 | 202.5 | 119.7 | 58.77 |

由表 7-1 可以看出，DPO 的计算时间与 PSO 相近，远小于 DE 和 GA 的计算时间。DPO 的求解错误次数远小于其他方法，具有更高的找出全局最优解的能力。以 Schaffer 函数为例，该测试函数如图 7-1 所示，最优解是 0(0,0)。图 7-1 下半部分显示了该函数的投影。PSO 和 DPO 的 100 次求解结果见图 7-2。

从图 7-2 中可以看出，使用 PSO 方法，有 5 次求解结果是把局部最优解当作全局最优解，而 DPO 方法没有任何 1 次求解陷入局部最优，由此可见 DPO 具有更优秀的全局搜索能力。

### 7.5.2 经济调度算例

本小节由 4 个算例组成，第 1 个用于比较 DPO 与现有优化算法在电网优化调度求解方面的优势，因此调度模型和测试电网系统与被比较的文献完全相同。后面 3 个算例是本章建立的电网测试系统，用于分析本章建立的优化调度模型。

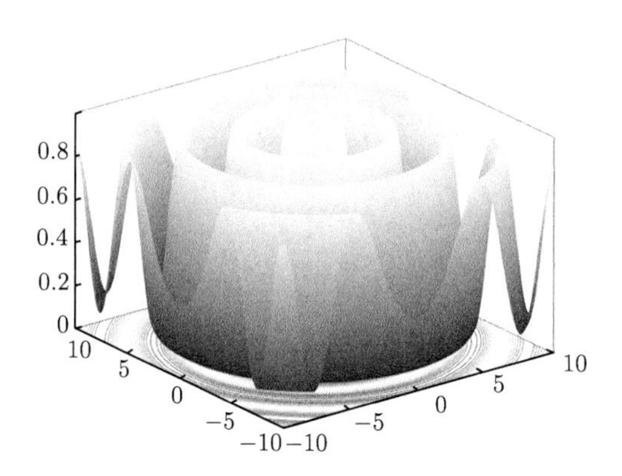


图 7-1　Schaffer 函数

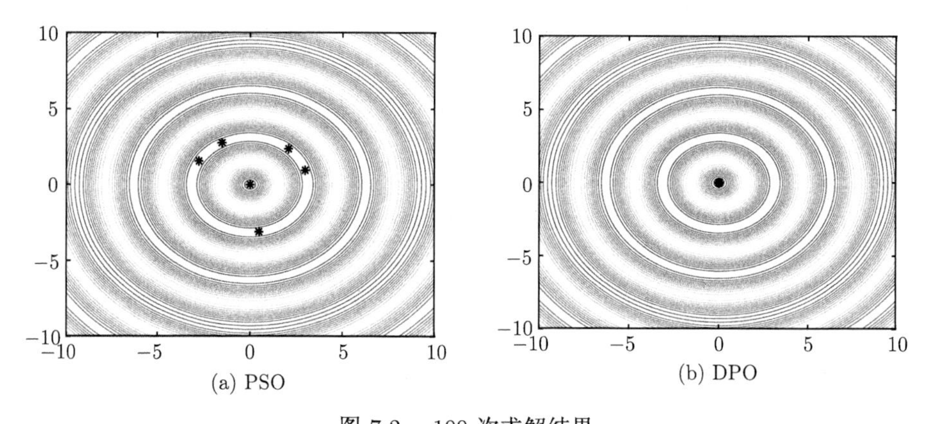


图 7-2　100 次求解结果

**算例 1: 含 13 个火电机组测试系统**

含 13 个火电机组测试系统的具体数据见文献 [15, 27]，电网负荷需求分别设为 1800 MW 和 2520 MW。表 7-2 列出 DPO 的求解结果，前 13 行为 13 个机组的出力分配，$B$ 为 20 次求解的最佳总燃料成本，$A$ 为平均总燃料成本，$W$ 为最差总燃料成本。

**表 7-2　含 13 个机组电网调度求解结果**

| 机组编号 | 1800 MW | 2520 MW |
|---|---|---|
| P1 | 628.3185265 | 628.3185307 |
| P2 | 149.5996117 | 299.1993003 |
| P3 | 222.7580205 | 299.1993003 |
| P4 | 109.8665502 | 159.7331001 |
| P5 | 109.8665276 | 159.7331001 |

续表

| 机组编号 | 1800 MW | 2520 MW |
|---|---|---|
| P6 | 109.8665474 | 159.7331001 |
| P7 | 109.8665494 | 159.7331001 |
| P8 | 109.8665496 | 159.7331001 |
| P9 | 60 | 159.7331001 |
| P10 | 40 | 77.39991253 |
| P11 | 40 | 77.39991226 |
| P12 | 55 | 87.67193083 |
| P13 | 55 | 92.39991235 |
| 总出力/MW | 1800.01 | 2519.99 |
| $B$/美元 | 17963.82897 | 24169.90069 |
| $A$/美元 | 17963.82908 | 24169.90069 |
| $W$/美元 | 17963.82915 | 24169.90070 |

负荷为 1800 MW 和 2520 MW 的最优发电成本分别为 17963.82897 美元和 24169.90069 美元，低于文献 [10] 中得出的最优解 17963.82920 美元 (1800 MW) 和 24169.91770 美元 (2520 MW)。同时，DPO 的求解结果也优于文献 [10] 中列出的其他 41 种方法。另外，1800 MW 和 2520 MW 的 20 次求解时间分别为 31.3 s 和 29.1 s，这也小于文献 [10] 中的平均计算时间 38.2 s(1800 MW) 和 32.7 s(2520 MW)。

算例 2: 6 个火电机组和 2 个风电场测试系统

1) 三种不同情况的调度结果分析

本小节建立一个由 6 个火电机组和 2 个风电场组成的测试系统，燃料和污染物排放系数见表7-3[20,23]，风电场成本函数的系数见表7-4[28]。基准值为 100 MW。p.u. 表示标幺值。

**表 7-3 6 个火电机组系数**

| | 系数 | G1 | G2 | G3 | G4 | G5 | G6 |
|---|---|---|---|---|---|---|---|
| 成本 | $a$ | 10 | 10 | 20 | 10 | 20 | 10 |
| | $b$ | 200 | 150 | 180 | 100 | 10 | 150 |
| | $c$ | 100 | 120 | 40 | 60 | 40 | 20 |
| 污染物排放 | $\alpha$ | 4.091 | 2.543 | 4.258 | 5.426 | 4.258 | 6.131 |
| | $\beta$ | −5.554 | −6.047 | −5.094 | −3.55 | −5.094 | −5.555 |
| | $\gamma$ | 6.49 | 5.638 | 4.586 | 3.38 | 4.586 | 5.151 |
| | $\xi$ | $2.00\times10^{-4}$ | $5.00\times10^{-4}$ | $1.00\times10^{-6}$ | $2.00\times10^{-3}$ | $1.00\times10^{-6}$ | $1.00\times10^{-5}$ |
| | $\lambda$ | 2.857 | 3.333 | 8 | 2 | 8 | 6.667 |
| $P_{\min}$(p.u.) | | 0.05 | 0.05 | 0.05 | 0.05 | 0.05 | 0.05 |
| $P_{\max}$(p.u.) | | 0.5 | 0.6 | 1 | 1.2 | 1 | 0.6 |

**表 7-4　2 个风电场系数**　（单位：美元/MW）

| 系数 | G7 | G8 |
| --- | --- | --- |
| $C_{\mathrm{w}}$ | 20 | 20 |
| $C_{\mathrm{u}}$ | 50 | 50 |
| $C_{\mathrm{r}}$ | 50 | 150 |
| $W_{\mathrm{av}}$(p.u.) | 0.6 | 0.6 |

调度模型分为三种情况，分别为仅考虑燃料成本、燃料成本加上污染物排放治理成本、燃料成本加上污染物排放治理成本和风电成本，求解结果见表 7-5。表 7-5 中，第二种情况，污染物治理成本相同表示所有机组的排放治理系数 $E_{\mathrm{e}}$ 相同，本算例中取 200 美元/t。对于不同治理成本的情况，G1 的 $E_{\mathrm{e}}$ 为 50 美元/t，G3 的 $E_{\mathrm{e}}$ 为 500 美元/t。

**表 7-5　求解结果**

| 机组编号 | 仅考虑燃料 | 燃料 + 排放 | | 燃料 + 排放 + 风电 |
| --- | --- | --- | --- | --- |
| | | 污染物排放治理成本相同 | 污染物排放治理成本不同 | |
| G1 | 0.285735431 | 0.321623121 | 0.342682599 | 0.107153863 |
| G2 | 0.446917535 | 0.466537257 | 0.488977007 | 0.285152632 |
| G3 | 0.967122304 | 0.911983429 | 0.868115394 | 0.438717025 |
| G4 | 1.199999731 | 1.199631198 | 1.2 | 0.868752533 |
| G5 | 1 | 0.999999996 | 1 | 0.999999910 |
| G6 | 0.6 | 0.6 | 0.6 | 0.599999420 |
| G7 | 0 | — | — | 0.599999935 |
| G8 | 0 | — | — | 0.599999988 |
| $B$/美元 | 801.4123952 | 851.2548146 | 857.168406 | 710.5319102 |
| $A$/美元 | 801.4272333 | 851.2629542 | 857.169289 | 711.5492703 |
| $W$/美元 | 801.4686154 | 851.2844609 | 857.172157 | 714.7988159 |
| 求解时间/s | 7.07 | 8.15 | 8.06 | 9.85 |

表 7-5 中的计算结果还可以用图 7-3 直观地表示。

不考虑风电时，比起仅考虑火电机组燃料成本的第一种情况，第二种情况中调度模型计入污染物治理成本之后，各个火电厂的出力发生了变化。具有较低污染物排放水平或较低治理成本的发电机组将输出更多的电能。例如，对于 G1，其排放系数很小，因此，当考虑到排放时，G1 的输出功率从 0.285735431 p.u. 增加到 0.321623121 p.u.。相反，G3 的输出功率由于其污染物治理成本高而下降。第三种情况中风电接入电网，由于其较低的发电成本，火电机组 G1~G4 的出力均显著下降，降低了总成本。

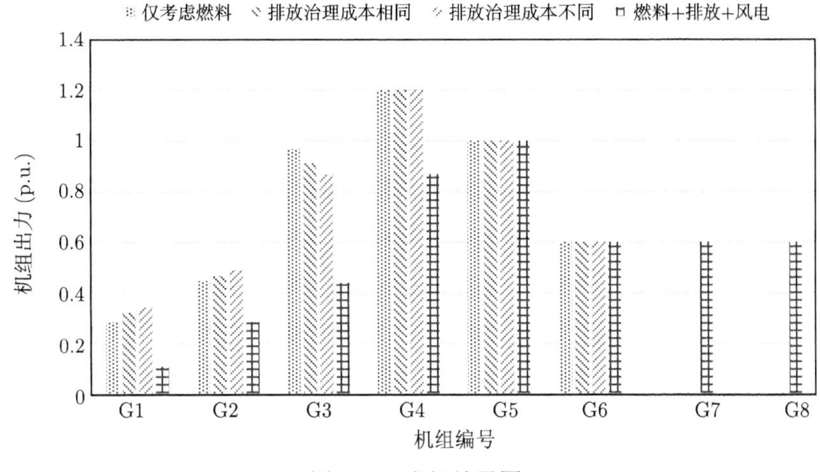


图 7-3 求解结果图

2) 动态经济调度下的 DPO 测试

火电机组和风电场的系数同表 7-3 和表 7-4，电网 24 h 的负荷需求和风电场 G7、G8 的可用风电 $W_{\text{av7}}$、$W_{\text{av8}}$ 见表 7-6 和图 7-4。

**表 7-6 负荷需求和风电预测 (p.u.)**

| 时间/h | 负荷 | $W_{\text{av7}}$ | $W_{\text{av8}}$ | 时间/h | 负荷 | $W_{\text{av7}}$ | $W_{\text{av8}}$ |
|---|---|---|---|---|---|---|---|
| 1 | 2.8 | 0.15 | 0.17 | 13 | 4 | 0.3 | 0.5 |
| 2 | 3.2 | 0.2 | 0.34 | 14 | 3.9 | 0.3 | 0.5 |
| 3 | 3.7 | 0.13 | 0.2 | 15 | 4 | 0.3 | 0.6 |
| 4 | 4.2 | 0.04 | 0.4 | 16 | 4.3 | 0.26 | 0.6 |
| 5 | 4.9 | 0 | 0.5 | 17 | 4.6 | 0.27 | 0.48 |
| 6 | 5.2 | 0.3 | 0.6 | 18 | 5.1 | 0.26 | 0.46 |
| 7 | 5.5 | 0.5 | 0.6 | 19 | 5.35 | 0.22 | 0.38 |
| 8 | 5.8 | 0.6 | 0.6 | 20 | 5.05 | 0.22 | 0.38 |
| 9 | 5.85 | 0.6 | 0.6 | 21 | 4.5 | 0.2 | 0.34 |
| 10 | 5.6 | 0.6 | 0.4 | 22 | 4 | 0.16 | 0.26 |
| 11 | 5.3 | 0.4 | 0 | 23 | 3.6 | 0.13 | 0.2 |
| 12 | 4.7 | 0.25 | 0.2 | 24 | 3 | 0.12 | 0.18 |

8 个电厂的 24 h 出力如图 7-5 和表 7-7 所示。其中图 7-5 表示的是 20 次求解的最好结果，表 7-7 列出了 DPO 在 20 次求解中的最佳成本、平均成本、最差成本和平均计算时间，8 个电厂的出力为标幺值，基准值仍为 100 MW。

G5 成本低，几乎一直以它的最大功率输出。G3 和 G4 的输出根据负载需求而显著变化。负荷需求高峰时段出现在从 7:00 到 11:00 和从 18:00 到 20:00，这些时段 G3 和 G4 必须提供更多的发电量，因此整个电网的运行成本最高。

### 算例 3：1 个火电机组和 1 个风电场测试系统

本小节建立一个由 1 个火电机组和 1 个风力发电场组成的测试系统，分析风

电系数 (风险系数 $C_r$ 和惩罚成本系数 $C_u$)、火电机组污染物治理系数和发电成本之间的关系。

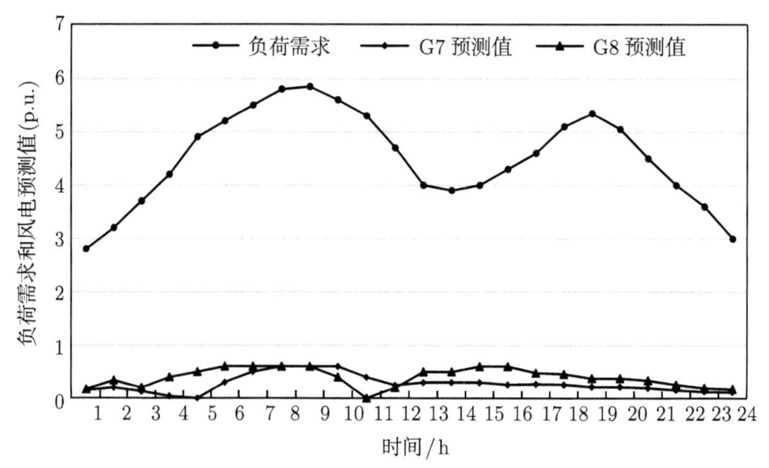


图 7-4 负荷需求和风电预测

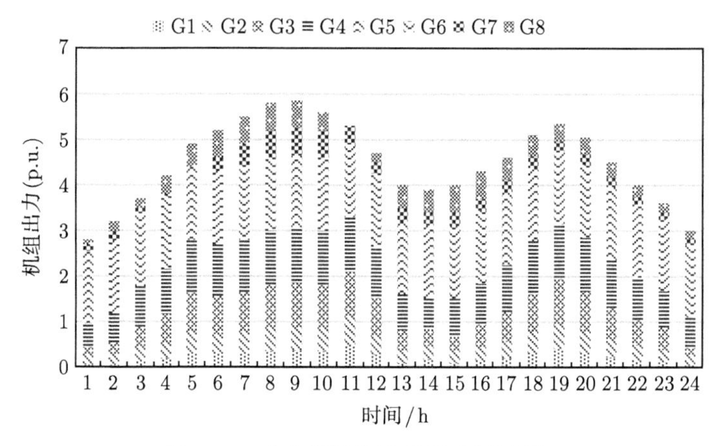


图 7-5 动态经济调度最佳求解结果

**表 7-7 动态经济调度求解结果**

| 时间/h | G1 | G2 | G3 | G4 | G5 | G6 | G7 | G8 | $B$/美元 | $A$/美元 | $W$/美元 | 计算时间/s |
|---|---|---|---|---|---|---|---|---|---|---|---|---|
| 1 | 0.050 | 0.214 | 0.171 | 0.526 | 1.000 | 0.587 | 0.148 | 0.103 | 488.281 | 489.855 | 491.765 | 6.904 |
| 2 | 0.050 | 0.204 | 0.282 | 0.643 | 1.000 | 0.600 | 0.200 | 0.221 | 586.676 | 588.573 | 590.319 | 6.907 |
| 3 | 0.129 | 0.291 | 0.464 | 0.886 | 1.000 | 0.600 | 0.130 | 0.200 | 671.086 | 672.176 | 673.879 | 6.169 |
| 4 | 0.190 | 0.351 | 0.623 | 0.996 | 1.000 | 0.600 | 0.040 | 0.400 | 814.83 | 815.672 | 818.618 | 6.525 |
| 5 | 0.302 | 0.450 | 0.875 | 1.173 | 1.000 | 0.600 | 0.000 | 0.500 | 1000.275 | 1000.858 | 1004.483 | 6.356 |
| 6 | 0.289 | 0.434 | 0.835 | 1.142 | 1.000 | 0.600 | 0.300 | 0.600 | 1054.723 | 1055.839 | 1058.771 | 7.066 |
| 7 | 0.303 | 0.453 | 0.882 | 1.162 | 1.000 | 0.600 | 0.500 | 0.600 | 1110.28 | 1111.078 | 1115.522 | 7.328 |

续表

| 时间/h | G1 | G2 | G3 | G4 | G5 | G6 | G7 | G8 | $B$/美元 | $A$/美元 | $W$/美元 | 计算时间/s |
|---|---|---|---|---|---|---|---|---|---|---|---|---|
| 8 | 0.349 | 0.489 | 0.961 | 1.200 | 1.000 | 0.600 | 0.600 | 0.600 | 1177.727 | 1178.016 | 1180.538 | 7.571 |
| 9 | 0.363 | 0.500 | 0.987 | 1.200 | 1.000 | 0.600 | 0.600 | 0.600 | 1191.203 | 1191.459 | 1194.149 | 7.311 |
| 10 | 0.349 | 0.490 | 0.961 | 1.200 | 1.000 | 0.600 | 0.600 | 0.400 | 1107.73 | 1108.437 | 1111.260 | 7.087 |
| 11 | 0.500 | 0.600 | 1.000 | 1.200 | 1.000 | 0.600 | 0.400 | 0.000 | 1022.471 | 1022.526 | 1022.550 | 7.454 |
| 12 | 0.279 | 0.428 | 0.815 | 1.128 | 1.000 | 0.600 | 0.250 | 0.200 | 894.606 | 896.539 | 905.618 | 6.824 |
| 13 | 0.096 | 0.277 | 0.440 | 0.787 | 1.000 | 0.600 | 0.300 | 0.500 | 765.706 | 770.608 | 780.184 | 6.330 |
| 14 | 0.172 | 0.298 | 0.367 | 0.680 | 0.998 | 0.600 | 0.300 | 0.486 | 747.588 | 750.988 | 755.203 | 7.331 |
| 15 | 0.096 | 0.279 | 0.292 | 0.839 | 0.999 | 0.600 | 0.300 | 0.594 | 780.233 | 784.099 | 790.004 | 6.677 |
| 16 | 0.137 | 0.314 | 0.486 | 0.903 | 1.000 | 0.600 | 0.260 | 0.600 | 845.812 | 854.483 | 888.828 | 6.284 |
| 17 | 0.194 | 0.369 | 0.653 | 1.034 | 1.000 | 0.600 | 0.270 | 0.480 | 898.355 | 900.237 | 905.568 | 6.266 |
| 18 | 0.305 | 0.445 | 0.861 | 1.168 | 1.000 | 0.600 | 0.260 | 0.460 | 1020.135 | 1020.716 | 1025.161 | 6.253 |
| 19 | 0.410 | 0.540 | 1.000 | 1.200 | 1.000 | 0.600 | 0.220 | 0.380 | 1084.795 | 1084.796 | 1084.797 | 6.461 |
| 20 | 0.312 | 0.460 | 0.893 | 1.185 | 1.000 | 0.600 | 0.220 | 0.380 | 1004.207 | 1004.434 | 1007.699 | 6.526 |
| 21 | 0.222 | 0.384 | 0.703 | 1.050 | 1.000 | 0.600 | 0.200 | 0.340 | 864.931 | 867.538 | 872.375 | 7.300 |
| 22 | 0.154 | 0.329 | 0.552 | 0.944 | 1.000 | 0.600 | 0.160 | 0.260 | 742.805 | 746.043 | 752.386 | 7.845 |
| 23 | 0.114 | 0.271 | 0.489 | 0.800 | 1.000 | 0.598 | 0.130 | 0.199 | 650.226 | 652.861 | 658.316 | 7.156 |
| 24 | 0.051 | 0.205 | 0.172 | 0.681 | 1.000 | 0.600 | 0.120 | 0.170 | 526.922 | 534.143 | 539.821 | 6.732 |

1) 风电系数的影响

污染物排放治理成本取 $E_{\mathrm{e}}$=20 美元/h，风电成本取 $C_{\mathrm{w}}$=100 美元/MW，最大可用风力为 1 p.u.，负荷需求是 1.2 p.u.。$C_{\mathrm{u}}$ 和 $C_{\mathrm{r}}$ 与发电成本的关系见图 7-6，与风电发电比例的关系见图 7-7。

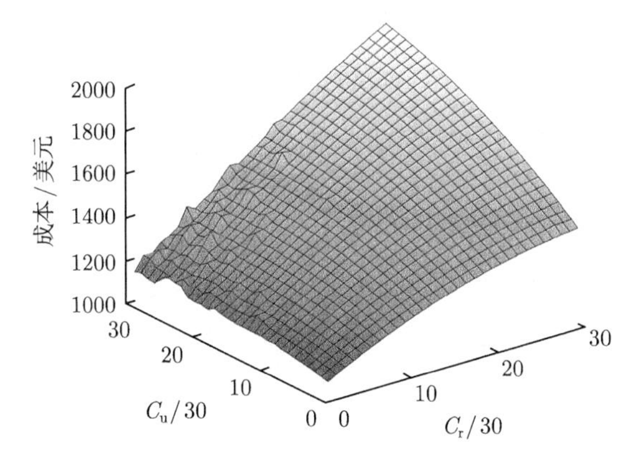


图 7-6 $C_{\mathrm{u}}$ 和 $C_{\mathrm{r}}$ 对成本的影响

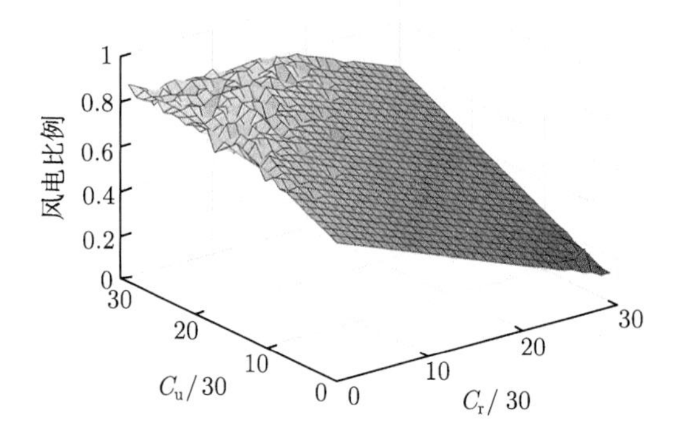


图 7-7 $C_u$ 和 $C_r$ 对风电比例的影响

从图 7-6 可以看出，当 $C_u$ 增加时，弃风惩罚成本增加，风电使用比例也相应增加，这点从图 7-7 中也可以看出。另外，由于风能的随机特性，增加 $C_r$ 意味着增加风电风险的权重。因此，当 $C_r$ 增加时，系统总成本增加且风电比例减小。$C_u$ 对风电比例的影响较大，而 $C_r$ 对成本的影响更为显著。另外，当 $C_u$ 较大时，风电使用比例波动剧烈，即如果弃风惩罚系数较大，将降低电网运行的稳定性。

2) 污染物排放治理成本的影响

火电厂污染物排放治理系数和风电风险系数与电网成本的关系见图 7-8，与风电使用比例的关系见图 7-9。

污染物排放治理成本系数 $E_e$ 增加时，火电厂的总发电成本增加，进而增加了整个电网的发电成本，如图 7-8 所示。火电发电成本的增加将降低火电发电比例，

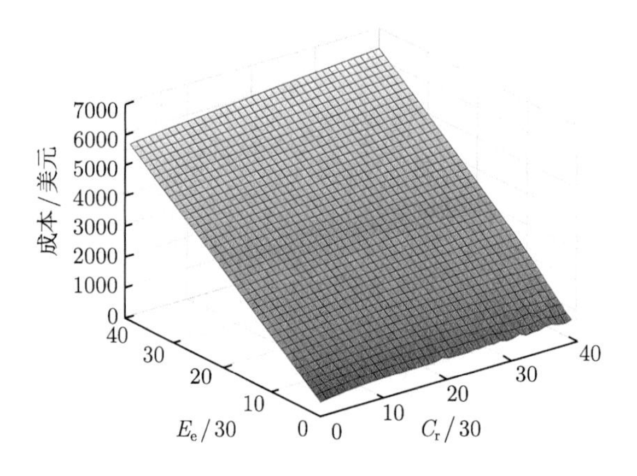


图 7-8 $E_e$ 和 $C_r$ 对成本的影响

而风电的使用比例会相应增加，如图 7-9 所示。另外，由于火电厂污染物排放量巨大，污染物排放治理成本系数对于电网整体成本的影响更大，因此在这两张图中，比起 $E_e$，风险系数 $C_r$ 对成本和风电比例的影响相对较小。

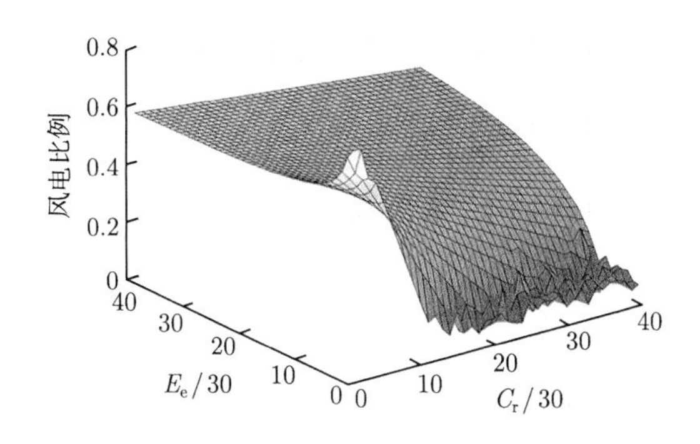


图 7-9 $E_e$ 和 $C_r$ 对风电比例的影响

## 7.6 本 章 小 结

本章提出了粒子扩散寻优算法 DPO，针对群体寻优算法易陷入局部最优解的问题，借鉴布朗运动扩散原理指导粒子运动，使粒子搜索范围充满整个定义域，实现全局寻优。然后建立了包括燃料成本、污染物治理成本和风电成本的电网优化调度模型。最后用测试函数和电网测试系统验证了 DPO 的全局寻优能力，并分析了本章构建调度模型的合理性 [29]。

## 参 考 文 献

[1] Kennedy J, Eberhart R. Particle swarm optimization. Proceedings of the IEEE International Conference Neural Networks, 1995, 4: 1942-1948.

[2] Basu M. Artificial bee colony optimization for multi-area economic dispatch. International Journal of Electrical Power and Energy Systems, 2013, 49: 181-187.

[3] Hemamalini S, Simon S P. Artificial Bee Colony algorithm for economic load dispatch problem with non–smooth cost functions. Electrical Power Components and Systems, 2010, 38(7): 786-803.

[4] Vijay R. Intelligent bacterial foraging optimization technique to economic load dispatch problem. International Journal of Soft Computing and Engineering, 2012, 2(2): 55-59.

[5] Yang X S, Hosseini S S S, Gandomi A H. Firefly algorithm for solving non-convex

economic dispatch problems with valve loading effect. Applied Soft Computing Journal, 2012, 12(3): 1180-1186.
[6] Niknam T, Mojarrad H D, Meymand H Z, et al. A new honey bee mating optimization algorithm for non-smooth economic dispatch. Energy, 2011, 36(2): 896-908.
[7] Pothiya S, Ngamroo I, Kongprawechnon W. Ant colony optimisation for economic dispatch problem with non-smooth cost functions. International Journal of Electrical Power and Energy Systems, 2009, 32(5): 478-487.
[8] Xiang L, Zhou J Z, Ouyang S, et al. An adaptive chaotic artificial bee colony algorithm for short-term hydrothermal generation scheduling. International Journal of Electrical Power and Energy Systems, 2013, 53: 34-42.
[9] Shayeghi H, Ghasemi A. A modified artificial bee colony based on chaos theory for solving non-convex emission/economic dispatch. Energy Conversion and Management, 2014, 79(3): 344-354.
[10] Secui D C. A new modified artificial bee colony algorithm for the economic dispatch problem. Energy Conversion and Management, 2015, 89: 43-62.
[11] Chaturvedi K T, Pandit M, Srivastava L. Self-organizing hierarchical particle swarm optimization for nonconvex economic dispatch. IEEE Transactions on Power Systems, 2008, 23(3): 1079-1087.
[12] Zhang Y, Gong D W, Zhong H D. A bare-bones multi-objective particle swarm optimization algorithm for environmental/economic dispatch. Information Sciences, 2012, 192(1): 213-217.
[13] Cai J J, Ma X Q, Li X L, et al. Chaotic particle swarm optimization for economic dispatch considering the generator constraints. Energy Conversion and Management, 2006, 48(2): 645-653.
[14] Fang Y, Zhao Y D, Ke M, et al. Quantum-inspired particle swarm optimization for power system operations considering wind power uncertainty and carbon tax in Australia. IEEE Transactions on Industrial Informatics, 2012, 8(4): 880-888.
[15] Jadhav H T, Roy R. Gbest guided artificial bee colony algorithm for environmental/economic dispatch considering wind power. Expert Systems with Applications, 2013, 40(16): 6385-6399.
[16] Roy R, Jadhav H T. Optimal power flow solution of power system incorporating stochastic wind power using gbest guided artificial bee colony algorithm. International Journal of Electrical Power and Energy Systems, 2015, 64: 562-578.
[17] Freedman D. Brownian Motion and Diffusion. New York: Springer, 1983.
[18] Einstein A. Investigation on the Theory of the Brownian Movement. New York: E.P. Dutton and Company, 1926.
[19] Abido M A. Environmental/economic power dispatch using multiobjective evolutionary algorithms. IEEE Power Engineering Society General Meeting, 2003, 18(4): 1529-1537.

[20] Abido M A. Multiobjective evolutionary algorithms for electric power dispatch problem. IEEE Transactions Evolutionary Computation, 2006, 10(3): 315-329.

[21] Wood A I, Woolenburg B F. Power Generation, Operation and Control. New York: Wiley, 1996.

[22] Venkatesh P, Lee K Y. Multi-objective evolutionary programming for economic emission dispatch problem//IEEE Power and Energy Society General Meeting, Pittsburgh, PA, USA, 2008: 1-8.

[23] Jubril A M, Olaniyan O A, Komolafe O A, et al. Economic-emission dispatch problem a semi-definite programming approach. Applied Energy, 2014, 134: 446-455.

[24] Hetzer J, Yu D C, Bhattrarai K. An economic dispatch model incorporating wind power. IEEE Transactions on Energy Convers, 2008, 23(2): 603-611.

[25] Liu X, Xu W S. Minimum emission dispatch constrained by stochastic wind power availability and cost. IEEE Transactions on Power Systems, 2010, 25(3): 1705-1713.

[26] Miranda V, Hang P S. Economic dispatch model with fuzzy wind constraints and attitudes of dispatchers. IEEE Transactions on Power Systems, 2005, 20(4): 2143-2145.

[27] Sinha N, Chakrabarti R, Chattopadhyay P K. Evolutionary programming techniques for economic load dispatch. IEEE Transactions on Evolutionary Computation, 2003, 7(1): 83-94.

[28] Wang L F, Singh C. Balancing risk and cost in fuzzy economic dispatch including wind power penetration based on particle swarm optimization. Electric Power Systems Research, 2008, 78(8): 1361-1368.

[29] Li H, Romero C E, Zheng Y. Economic dispatch optimization algorithm based on particle diffusion. Energy Conversion and Management, 2015, 105: 1251-1260.

# 第 8 章　基于风电预测误差实时补偿的电力系统多时间尺度滚动调度

## 8.1　引　　言

风电的高度不确定性会引起较大的预测误差，使供电与负荷需求之间的平衡被打破，给电网运行带来风险。为此，本章研究风电功率预测误差的影响因素，统计分析各影响因素与预测误差相关性最优时所需的样本数据个数规律和最优相关系数规律，得到风电功率预测误差估计指标。引入误差估计指标并建立基于实时误差调整的电力系统多时间尺度滚动调度模型，在实时调整环节根据预测误差估计指标修正机组出力，并利用储能系统作进一步补偿，降低由风电不确定性带来的预测误差对电力系统的影响，提高风电消纳能力，降低运行风险，同时使系统运行成本降低。

## 8.2　基于概率最优数据特征提取的风电功率预测误差估计

### 8.2.1　风电功率预测误差的影响因素分析

对预测误差进行较准确的估计，并利用火电机组和储能系统提前补偿，是减小风电不确定性影响、促进风电消纳的有效解决措施 [1−3]。本节基于实际风电场历史运行数据，对影响风电功率预测误差 ($e^{\mathrm{w}}$) 的可能因素：风电预测功率波动性 ($\lambda_1$)、近期风电功率平稳性 ($\lambda_2$)、风电功率平均幅值 ($\lambda_3$) 和近期风电功率预测精度 ($\lambda_4$) 与风电功率预测误差作相关性判断。计算所用数据为比利时电力运营商 ELIA 公开的 2016 年 3 月的风电场运行数据 [4]，具体公式如下：

$$e_t^{\mathrm{w}} = w_t^{\mathrm{a}} - w_t^{\mathrm{f}} \tag{8-1}$$

$$\lambda_{1,t} = \sqrt{\frac{1}{N_1}\sum_{i=t-N_1}^{t-1}\left(w_i^{\mathrm{f}} - \overline{w_i^{\mathrm{f}}}\right)^2} \tag{8-2}$$

$$\lambda_{2,t} = \sqrt{\frac{1}{N_2}\sum_{i=t-N_2}^{t-1}\left(w_i^{\mathrm{a}} - \overline{w_i^{\mathrm{a}}}\right)^2} \tag{8-3}$$

$$\lambda_{3,t}=\frac{1}{N_3}\sum_{i=t-N_3}^{t-1}w_i^{\mathrm{f}} \tag{8-4}$$

$$\lambda_{4,t}=\frac{\sum_{i=t-N_4}^{t-1}\left|w_i^{\mathrm{a}}-w_i^{\mathrm{f}}\right|}{N_4\cdot V^{\mathrm{cap}}} \tag{8-5}$$

式中，用下标 $j=\{1, 2, 3, 4\}$分别表示这 4 个参数；$N_j=\{N_1, N_2, N_3, N_4\}$为计算参数 $\lambda_j=\{\lambda_1, \lambda_2, \lambda_3, \lambda_4\}$时所取样本数据个数；$w^{\mathrm{a}}$、$w^{\mathrm{f}}$ 为风电功率实际值、15 min 前预测值；$\overline{w_i^{\mathrm{a}}}$、$\overline{w_i^{\mathrm{f}}}$ 为其平均值；$V^{\mathrm{cap}}$ 为风电场额定容量。

本章方法的原理是利用预测时刻 $t$ 前的若干样本 ($N_j$) 数据，对与风电功率预测误差 ($e^{\mathrm{w}}$) 具有相关性的影响因素 ($\lambda_j$) 进行计算，并将它们的综合特征作为评估预测时刻 $t$ 风电功率预测误差的依据。本章中风电功率采样分辨率为 15 min。本小节每次计算取一天 96 个采样点的数据 ($N_j=96$)，共计算 30 次得到 30 个预测时刻 $t$ 的结果。经计算，得到 4 种影响因素与预测误差的关系如图 8-1 所示。

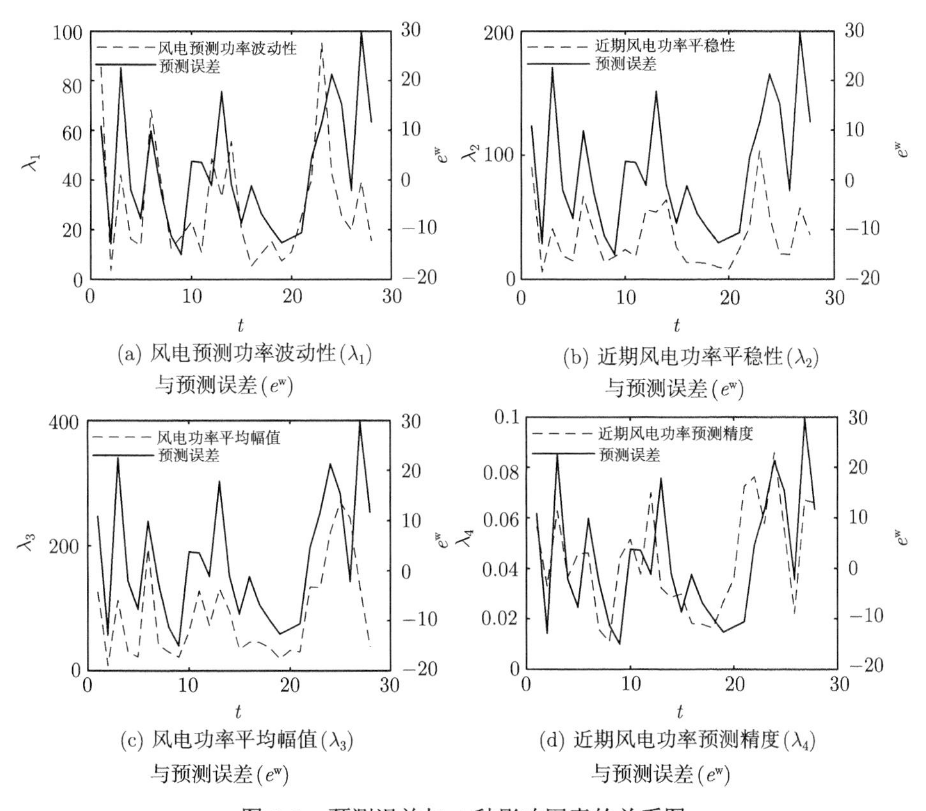


图 8-1 预测误差与 4 种影响因素的关系图

由关系图 8-1 比较可见，这 4 种影响因素与风电功率预测误差之间均有不同程度的正相关性，故采用这 4 种数据的综合特征来评估风电功率预测误差是可行的。

### 8.2.2 概率最优的数据特征提取方法分析

本章方法利用预测时刻前的若干样本数据，对与风电功率预测误差 ($e^{\mathrm{w}}$) 具有相关性的影响因素 $\lambda_1$、$\lambda_2$、$\lambda_3$ 和 $\lambda_4$ 进行计算，并将它们的综合特征作为评估预测时刻 $t$ 风电功率预测误差的依据。然而，对于每个影响因素 ($\lambda_j$)，计算其与预测误差的相关性时取不同个数 ($N_j$) 的样本数据，其相关程度是不同的。如图 8-1 所示为样本数据 $N_j$ 均取 96 个的情况。可见，各影响因素与预测误差间虽然都有一定相关性，但相关程度却不同，有时甚至会在某些点出现负相关的情况。想要得到最优的数据特征，就要取各影响因素与预测误差间相关性最优时所需的数据个数进行计算。故本节通过统计历史数据规律寻找相关性最优时所需数据点的个数。相关系数的计算公式如下：

$$R_j = r\left(\lambda_{j,t}, |e_t^{\mathrm{w}}|\right) = \frac{\sum_{t=1}^{96}\left(\lambda_{j,t} - \overline{\lambda_{j,t}}\right)\left(|e_t^{\mathrm{w}}| - \overline{|e_t^{\mathrm{w}}|}\right)}{\sqrt{\sum_{t=1}^{96}\left(\lambda_{j,t} - \overline{\lambda_{j,t}}\right)^2 \sum_{t=1}^{96}\left(|e_t^{\mathrm{w}}| - \overline{|e_t^{\mathrm{w}}|}\right)^2}} \tag{8-6}$$

式中，$R_j=\{R_1, R_2, R_3, R_4\}$是 $\lambda_j=\{\lambda_1, \lambda_2, \lambda_3, \lambda_4\}$与 $e^{\mathrm{w}}$ 间的相关系数。

统计所用数据为比利时 ELIA 风电场 2014 年 6 月 1 日 ~2015 年 6 月 1 日的运行数据 [4]。以 15 min 为间隔，对一年的数据进行 365×24×4=35040 次计算。在每次计算中，分别取 $N_j$=2~96，利用式 (8-1)~ 式 (8-5) 计算得到各参数序列 $\lambda_{j,t}$ 和 $e_t^{\mathrm{w}}$，经归一化处理后利用式 (8-6) 求相关系数 $R_j$。每次计算结束后均可得到 95 个相关系数值，记录其中最优的相关系数值 $R_j$ 和其对应的 $N_j$ 作为每次计算的最优值。在对一年的数据进行 35040 次计算后，可得到 35040 组最优相关系数值 $R_j$ 和其对应的 $N_j$，分别表示为 $R_j^{\mathrm{opt}}$ 和 $N_j^{\mathrm{opt}}$。

经过对一年的数据统计后，得到 $N_j^{\mathrm{opt}}$ 的频数分布如图 8-2 所示 (由于统计结果中随着 $N_j$ 的增大，相关性逐步下降，相关性取最优的频数也随之下降，对预测误差估计的参考价值很小，故本章只展示和分析 $N_j \leqslant 96$ 的统计结果)。

图 8-2 中，$N_1^{\mathrm{opt}}$=2 对应的频数为 3454，大于 $N_1^{\mathrm{opt}}$ 取其他值的情况。表示相关系数 $R_1$ 在 $N_1^{\mathrm{opt}}$=2 时取得最优的概率最大，即在此时影响因素 $\lambda_1$ 与预测误差间有最优的相关关系。同理，对于影响因素 $\lambda_2$、$\lambda_3$ 和 $\lambda_4$，最优的数据个数取值分别为 $N_2^{\mathrm{opt}}$=3、$N_3^{\mathrm{opt}}$=2 和 $N_4^{\mathrm{opt}}$=2。

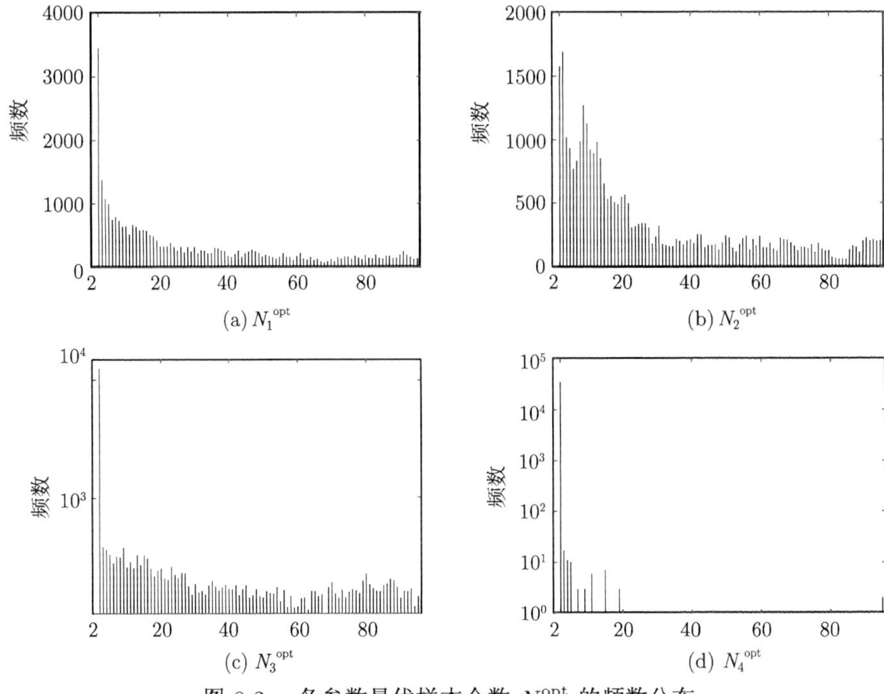


(a) $N_1^{\mathrm{opt}}$ (b) $N_2^{\mathrm{opt}}$

(c) $N_3^{\mathrm{opt}}$ (d) $N_4^{\mathrm{opt}}$

图 8-2 各参数最优样本个数 $N_j^{\mathrm{opt}}$ 的频数分布

最优相关系数 $R_j^{\mathrm{opt}}$ 的频数分布如图 8-3 所示。

图 8-3 中，当 $R_1^{\mathrm{opt}}\in[0.50, 0.52]$ 时对应频数最多为 795。表示在 35040 次计算中，$R_1^{\mathrm{opt}}$ 落在相关性区间 [0.50, 0.52] 的次数为 795。同理，当 $R_2^{\mathrm{opt}}\in[0.56, 0.58]$ 时取得最大频数为 847；当 $R_3^{\mathrm{opt}}\in[0.54, 0.56]$ 时取得最大频数为 845；当 $R_4^{\mathrm{opt}}\in[0.90, 0.92]$ 时取得最大频数为 1460。图 8-3 的频数分布同时说明 $R_4^{\mathrm{opt}}$ 有更大的概率取得较大值，表示与 $\lambda_1$、$\lambda_2$ 和 $\lambda_3$ 相比，影响因素 $\lambda_4$ 与预测误差间有最强的相关性。相应地，影响因素 $\lambda_3$ 与预测误差间有更弱的相关性。为表示影响因素

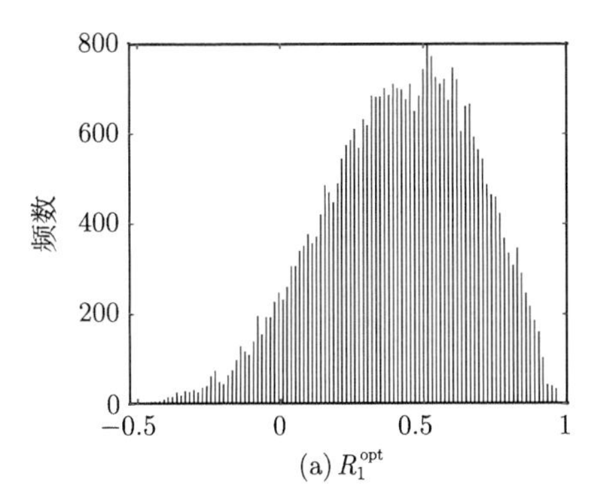


(a) $R_1^{\mathrm{opt}}$

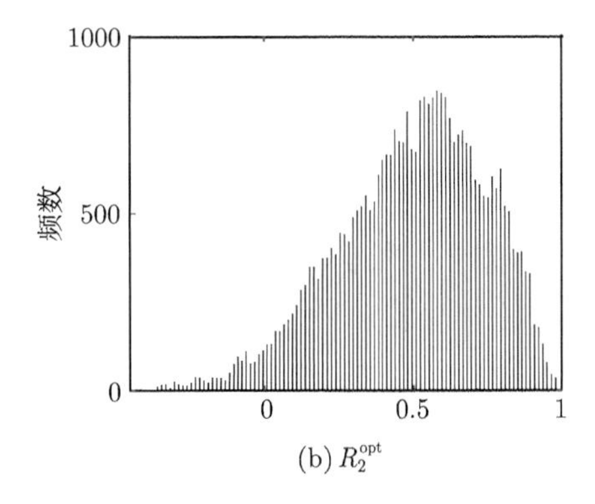


(b) $R_2^{\mathrm{opt}}$

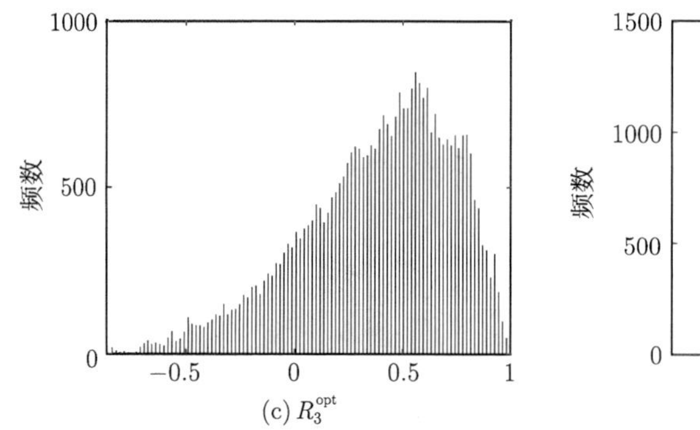


(c) $R_3^{\rm opt}$

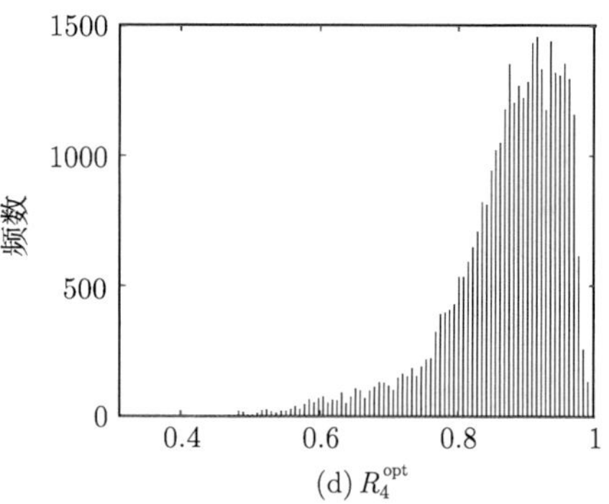


(d) $R_4^{\rm opt}$

图 8-3 最优相关系数 $R_j^{\rm opt}$ 的频数分布图

$\lambda_1$、$\lambda_2$、$\lambda_3$、$\lambda_4$ 与预测误差的相关程度，计算各相关系数 $R_j^{\rm opt}$ 的均值 $R_j^{\rm mean}$。图 8-3 中，$R_1^{\rm mean}$、$R_2^{\rm mean}$、$R_3^{\rm mean}$ 和 $R_4^{\rm mean}$ 分别为 0.4152、0.4932、0.3778 和 0.8716。

进一步，将整年的数据划分为 4 个季节，按前文方法分别进行统计计算。将各季节统计结果的最优值 $N_j^{\rm opt}$ 和 $R_j^{\rm opt}$ 的均值列出，如表 8-1 所示。

**表 8-1 不同季节和整年的最优值 $N_j^{\rm opt}$ 和 $R_j^{\rm opt}$ 的均值统计结果**

| 时间 | $N_1^{\rm opt}$ | $N_2^{\rm opt}$ | $N_3^{\rm opt}$ | $N_4^{\rm opt}$ | $R_1^{\rm mean}$ | $R_2^{\rm mean}$ | $R_3^{\rm mean}$ | $R_4^{\rm mean}$ |
|---|---|---|---|---|---|---|---|---|
| 春季 | 2 | 3 | 2 | 2 | 0.4049 | 0.5122 | 0.3684 | 0.8688 |
| 夏季 | 2 | 2 | 2 | 2 | 0.4067 | 0.4973 | 0.4188 | 0.8843 |
| 秋季 | 2 | 5 | 2 | 2 | 0.4559 | 0.5064 | 0.3708 | 0.8677 |
| 冬季 | 2 | 3 | 2 | 2 | 0.3913 | 0.4513 | 0.3500 | 0.8643 |
| 整年 | 2 | 3 | 2 | 2 | 0.4152 | 0.4932 | 0.3778 | 0.8716 |

在预测误差估计中，根据调度日期的不同分别取表 8-1 中不同季节的最优值。其中，最优值 $N_j^{\rm opt}$ 用于计算 $\lambda_j$，以获得各影响因素的最优值 $\lambda_j^{\rm opt}$。称这个过程为概率最优数据特征提取，归一化后的 $\lambda_j^{\rm opt}$ 将用来对预测误差进行估计，$R_j^{\rm mean}$ 在综合估计时作为各最优参数 $\lambda_j^{\rm opt}$ 的权重。本章中的最优值是根据比利时 ELIA 风电场运行数据统计得到，当数据来源和预测方法不同时，结果可能会有差异。可根据本章方法对其他风电场运行数据和预测方法进行统计计算，得到相应的最优值。

### 8.2.3 基于最优相关权重的预测误差估计

通过上节的讨论分析，可以得到影响因素 $\lambda_1$、$\lambda_2$、$\lambda_3$、$\lambda_4$ 与预测误差间均具有相关性。定义一个综合误差估计指标用以估计风电功率预测误差：

$$\lambda_t^{\rm e} = \frac{\displaystyle\sum_j R_j^{\rm mean} \lambda_{j,t}^{\rm opt}}{\displaystyle\sum_j R_j^{\rm mean}} \tag{8-7}$$

式中，$\lambda^{\mathrm{e}}$ 是 $\lambda_1$、$\lambda_2$、$\lambda_3$、$\lambda_4$ 的加权平均值。由于各影响因素与预测误差的相关程度不同，故使用各相关系数均值 $R_j^{\mathrm{mean}}$ 作为各影响因素数据的权重。

在实时调度环节，利用各时段前的 $N_j^{\mathrm{opt}}$ 个风电功率历史数据计算得到 $\lambda_j^{\mathrm{opt}}$ 和 $\lambda^{\mathrm{e}}$，并利用对历史数据统计时预测误差的归一化参数对估计指标 $\lambda^{\mathrm{e}}$ 反归一化，得到风电功率预测误差的估计值 $e^{\mathrm{w}}$。在下一章，根据 $\lambda^{\mathrm{e}}$ 和 $e^{\mathrm{w}}$ 将风电功率的实时预测误差引入实时调度模型中，作为调整措施制定的依据。

## 8.3 基于实时误差补偿的多时间尺度滚动调度模型的总体思路

调度模型分 3 个时间尺度：日前调度模型 ($[t, t+T]$)、日内滚动修正模型 ($[t, t+16]$) 和实时误差补偿模型 ($[t, t+1]$)。前两部分进行常规机组启停、出力调节，第三部分通过本章方法得到的估计指标 $\lambda^{\mathrm{e}}$ 和 $e^{\mathrm{w}}$，制定机组出力调节量和储能充放电计划，实时补偿风电功率预测误差，使调度计划最大程度地接近系统实际运行情况，减小弃风量和切负荷量。调度模型的时间轴描述如图 8-4 所示。

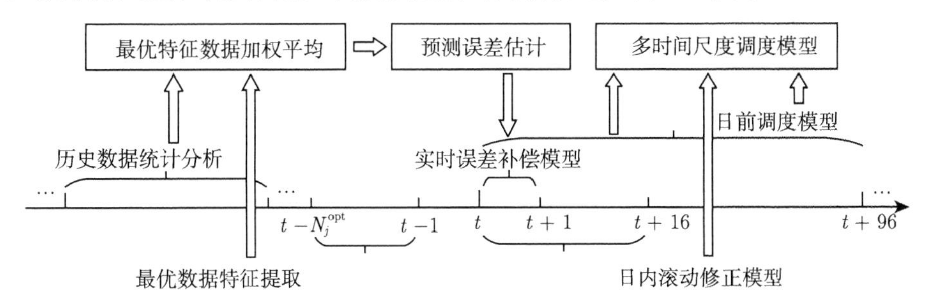


图 8-4 基于实时误差补偿的多时间尺度滚动调度模型时间轴描述图

图 8-4 中，$t$ 是预测/调度时刻。通过统计分析历史数据得到最优值 $N_j^{\mathrm{opt}}$ 与 $R_j^{\mathrm{mean}}$。然后利用近期数据 ($[t-N_j, t-1]$) 获取各参数的最优特征 $\lambda_j^{\mathrm{opt}}$，以 $R_j^{\mathrm{mean}}$ 为权重将它们加权平均得到预测误差估计指标，在调度模型中的实时补偿环节作为调整依据。

## 8.4 日前调度模型

日前调度为预测时刻前 24 h 的调度计划，主要制定调度日的机组启停及大致出力、备用计划，目标为总成本最小。由于风电功率日前预测误差较大，可适当放宽部分约束，设置较大备用容量便于在日内滚动计划制定时有一定的可调空间。

### 8.4.1 目标函数

考虑机组煤耗、启动、上下旋转备用成本，建立模型如下：

$$\min F^{\mathrm{D-A}} = \min \sum_{t=1}^{T}\sum_{n=1}^{N}\left(C_{n,t}^{\mathrm{G,D-A}} + C_{n,t}^{\mathrm{S,D-A}} + C_{n,t}^{\mathrm{D,D-A}} + C_{n,t}^{\mathrm{U,D-A}}\right) \tag{8-8}$$

$$\begin{cases} C_{n,t}^{\mathrm{G,D-A}} = a_n P_{n,t}^2 + b_n P_{n,t} + u_{n,t}^{\mathrm{G,D-A}} c_n \\ C_{n,t}^{\mathrm{S,D-A}} = u_{n,t}^{\mathrm{G,D-A}}\left(1 - u_{n,t-1}^{\mathrm{G,D-A}}\right) s_{n,t}^{\mathrm{G}} \\ C_{n,t}^{\mathrm{D,D-A}} = u_{n,t}^{\mathrm{G,D-A}} k^{\mathrm{d}} r_{n,t}^{\mathrm{d}} \\ C_{n,t}^{\mathrm{U,D-A}} = u_{n,t}^{\mathrm{G,D-A}} k^{\mathrm{u}} r_{n,t}^{\mathrm{u}} \end{cases} \tag{8-9}$$

式中，下标 $n$、$t$ 为机组编号、时段编号，$N$、$T$ 为机组总数、时段总数；上标 D−A 表示日前调度模型中的变量；$C^{\mathrm{G}}$、$C^{\mathrm{S}}$、$C^{\mathrm{U}}$、$C^{\mathrm{D}}$ 为机组燃料成本、启停成本和上、下旋转备用成本；$P$、$r^{\mathrm{u}}$、$r^{\mathrm{d}}$ 为机组有功出力和机组上、下旋转备用容量；$a$、$b$、$c$ 为机组能耗成本系数；$s^{\mathrm{G}}$、$k^{\mathrm{u}}$、$k^{\mathrm{d}}$ 为机组开机成本系数和上、下旋转备用成本系数；$u^{\mathrm{G}}$ 为启停状态变量，1 为开机，0 为停机。

### 8.4.2 约束条件

1) 系统功率平衡约束

$$\sum_{n=1}^{N} P_{n,t} + w_t^{\mathrm{f,D-A}} = L_t^{\mathrm{f,D-A}} \tag{8-10}$$

式中，$w^{\mathrm{f,D-A}}$ 为风电场日前预测出力；$L^{\mathrm{f,D-A}}$ 为负荷日前预测功率。

2) 机组出力约束

$$u_{n,t}^{\mathrm{G,D-A}} P_n^{\min} \leqslant P_{n,t} \leqslant u_{n,t}^{\mathrm{G,D-A}} P_n^{\max} \tag{8-11}$$

式中，$P^{\max}$、$P^{\min}$ 为机组出力上、下限。

3) 机组上、下旋转备用容量约束

备用容量上限综合考虑机组在单位调度时段 $\Delta t$ 内能提供的最大调控范围和最大爬坡约束，备用容量下限根据预测值设置较大容量，表示为

$$\begin{cases} r_{n,t}^{\mathrm{d}} \leqslant u_{n,t}^{\mathrm{G,D-A}}\left[P_{n,t} - \max\left(P_n^{\min}, P_{n,t-1} - \mathrm{DR}_n \cdot \Delta t\right)\right] \\ r_{n,t}^{\mathrm{u}} \leqslant u_{n,t}^{\mathrm{G,D-A}}\left[\min\left(P_n^{\max}, P_{n,t-1} + \mathrm{UR}_n \cdot \Delta t\right) - P_{n,t}\right] \end{cases} \tag{8-12}$$

$$\begin{cases} u_{n,t}^{\mathrm{G,D-A}}\left(k^{\mathrm{w}} w_t^{\mathrm{f,D-A}} + k^{\mathrm{l}} L_t^{\mathrm{f,D-A}}\right) \leqslant r_{n,t}^{\mathrm{d}} \\ u_{n,t}^{\mathrm{G,D-A}}\left(k^{\mathrm{w}} w_t^{\mathrm{f,D-A}} + k^{\mathrm{l}} L_t^{\mathrm{f,D-A}}\right) \leqslant r_{n,t}^{\mathrm{u}} \end{cases} \tag{8-13}$$

式中，$\mathrm{UR}_n$、$\mathrm{DR}_n$ 为机组上、下爬坡率；$k^{\mathrm{w}}$、$k^{\mathrm{l}}$ 为风电场、负荷的备用需求系数。

机组爬坡、最小启停时间等其他约束与常规调度模型类似设置 [5−9]。

## 8.5 日内滚动修正模型

日内修正是预测时刻前 4 h~15 min 的计划，基于日前决策结果和风电功率、负荷最近的超短期预测值滚动执行，逐步修正机组出力跟踪至最新预测值，检验后续时段是否需要改变机组启停，最终使机组出力跟踪至风电 15 min 前预测值。

### 8.5.1 目标函数

与日前调度模型类似，以总成本最小为目标，建立模型如下：

$$\min F^{\mathrm{I-D}}=\min\sum_{t=1}^{T}\sum_{n=1}^{N}\left(C_{n,t}^{\mathrm{G,I-D}}+C_{n,t}^{\mathrm{S,I-D}}+C_{n,t}^{\mathrm{D,I-D}}+C_{n,t}^{\mathrm{U,I-D}}\right) \tag{8-14}$$

$$\begin{cases} C_{n,t}^{\mathrm{G,I-D}}=a_n\left(P_{n,t}+\Delta P_{n,t}\right)^2+b_n\left(P_{n,t}+\Delta P_{n,t}\right)+u_{n,t}^{\mathrm{G,I-D}}c_n \\ C_{n,t}^{\mathrm{S,I-D}}=u_{n,t}^{\mathrm{G,I-D}}\left(1-u_{n,t-1}^{\mathrm{G,I-D}}\right)s_{n,t}^{\mathrm{G}} \\ C_{n,t}^{\mathrm{D,I-D}}=u_{n,t}^{\mathrm{G,I-D}}k^{\mathrm{d}}\left(r_{n,t}^{\mathrm{d}}+\Delta r_{n,t}^{\mathrm{d}}\right) \\ C_{n,t}^{\mathrm{U,I-D}}=u_{n,t}^{\mathrm{G,I-D}}k^{\mathrm{u}}\left(r_{n,t}^{\mathrm{u}}+\Delta r_{n,t}^{\mathrm{u}}\right) \end{cases} \tag{8-15}$$

式中，上标 I–D 表示日内调度模型中的变量；$\Delta P$、$\Delta r^{\mathrm{u}}$、$\Delta r^{\mathrm{d}}$ 为机组出力和上、下旋转备用的修正量。

### 8.5.2 约束条件

1) 系统功率平衡约束

$$\sum_{n=1}^{N}\left(P_{n,t}+\Delta P_{n,t}\right)+w_t^{\mathrm{f,I-D}}=L_t^{\mathrm{f,I-D}} \tag{8-16}$$

式中，$L^{\mathrm{f,I-D}}$、$w^{\mathrm{f,I-D}}$ 为负荷、风电场日前预测功率。

2) 机组出力修正量约束

综合考虑单调度时段 $\Delta t$ 最大爬坡和机组出力上下限制定约束，表示为

$$\begin{cases} u_{n,t}^{\mathrm{G,I-D}}\left[\max\left(P_n^{\min},P_{n,t-1}-\mathrm{DR}_n\cdot\Delta t\right)-P_{n,t}\right]\leqslant\Delta P_{n,t} \\ \Delta P_{n,t}\leqslant u_{n,t}^{\mathrm{G,I-D}}\left[\min\left(P_n^{\max},P_{n,t-1}+\mathrm{UR}_n\cdot\Delta t\right)-P_{n,t}\right] \end{cases} \tag{8-17}$$

3) 系统上、下备用修正量约束

备用上限与日前模型类似，表示为

$$\begin{cases} r_{n,t}^{\mathrm{d}}+\Delta r_{n,t}^{\mathrm{d}}\leqslant u_{n,t}^{\mathrm{G,I-D}}\left[P_{n,t}+\Delta P_{n,t}-\max\left(P_n^{\min},P_{n,t-1}+\Delta P_{n,t-1}-\mathrm{DR}_n\cdot\Delta t\right)\right] \\ r_{n,t}^{\mathrm{u}}+\Delta r_{n,t}^{\mathrm{u}}\leqslant u_{n,t}^{\mathrm{G,I-D}}\left[\min\left(P_n^{\max},P_{n,t-1}+\Delta P_{n,t-1}+\mathrm{UR}_n\cdot\Delta t\right)-\left(P_{n,t}+\Delta P_{n,t}\right)\right] \end{cases} \tag{8-18}$$

备用下限表示为机会约束的形式：

$$\begin{cases} P\left\{\sum_{n=1}^{N}\left(r_{n,t}^{\mathrm{d}}+\Delta r_{n,t}^{\mathrm{d}}\right) \geqslant e_t^{\mathrm{w,p}}-e_t^{\mathrm{L,p}}\right\} \geqslant \alpha^{\mathrm{d}} \\ P\left\{\sum_{n=1}^{N}\left(r_{n,t}^{\mathrm{u}}+\Delta r_{n,t}^{\mathrm{u}}\right) \geqslant e_t^{\mathrm{L,p}}-e_t^{\mathrm{w,p}}\right\} \geqslant \alpha^{\mathrm{u}} \end{cases} \tag{8-19}$$

式中，$e^{\mathrm{w,p}}$、$e^{\mathrm{L,p}}$ 是以概率模型表示的风电场、负荷的预测误差。设二者均服从正态分布，分布参数同文献 [10]；$P\{\cdot\}\geqslant\alpha$ 表示事件发生的概率大于某一设定的置信水平。采用文献 [11] 中的方法对机会约束作确定性转化，首先将风电场和负荷预测误差的随机变量组合成联合随机变量 $Z_t$，然后利用快速傅里叶变换求解联合变量的概率分布 $F_{Z_t}$，设置置信水平 $\alpha^{\mathrm{u}}$、$\alpha^{\mathrm{d}}$ 后进一步化简，可得到确定性约束如下：

$$\begin{cases} \sum_{n=1}^{N}\left(r_{n,t}^{\mathrm{d}}+\Delta r_{n,t}^{\mathrm{d}}\right) \geqslant F_{Z_t}^{-1}\left(\alpha^{\mathrm{d}}\right) \\ \sum_{n=1}^{N}\left(r_{n,t}^{\mathrm{u}}+\Delta r_{n,t}^{\mathrm{u}}\right) \geqslant F_{Z_t}^{-1}\left(1-\alpha^{\mathrm{u}}\right) \end{cases} \tag{8-20}$$

其他约束与常规调度模型类似设置。

## 8.6 实时误差补偿模型

实时补偿计划在预测时刻前 15 min 制定，引入前文得到的估计指标 $\lambda^{\mathrm{e}}$ 和 $e^{\mathrm{w}}$，建立实时误差补偿模型。由于储能系统使用成本较高，且容量和输出电量一般较小，故优先响应火电机组，使其在短时间的可调范围内尽量补偿预测误差，剩余部分再由储能系统进行补偿。采用分块建模、分层求解的方法。首先建立机组补偿子模型，调整机组总出力，使其在可调范围内尽量补偿预测误差。然后建立储能补偿子模型，制定充放电策略，补偿剩余的预测误差。最后建立主模型，将两个子模型的解代入主模型中，将机组总的调整量以成本最低为目标分配给各机组。

### 8.6.1 机组补偿子模型

在实时调整模型中，由于爬坡率等约束条件的限制，机组在短时间内不一定能完全补偿预测误差，故需设置松弛变量 $e_t'$，保证模型有可行解。并在求解目标中最小化松弛变量，使机组的调节能够最大程度地补偿预测误差。建立机组子模型如下：

$$\begin{cases} f^{\mathrm{G}} = \min |e_t'| \\ \text{s.t. } P_t^{\mathrm{G}} + w_t^{\mathrm{f}} + e_t^{\mathrm{w}} + e_t' = L_t^{\mathrm{f}} \\ P_t^{\mathrm{G}} = P_t^{\mathrm{R-T}} + \Delta P_t^{\mathrm{R-T}} = P_t^{\mathrm{R-T}} + \sum\limits_{n=1}^{N} \Delta P_{n,t}' \end{cases} \tag{8-21}$$

式中，上标 R−T 表示实时补偿模型中的变量；$P^{\mathrm{R-T}}$ 为日内滚动修正后得到的机组总出力；决策变量 $\Delta P^{\mathrm{R-T}}$ 为实时调整模型机组出力的总调整量；$P^{\mathrm{G}}$ 为所有机组实时调整后的总出力；$\Delta P_n'$ 表示各机组分配的出力调整量，为主模型的决策变量；$w^{\mathrm{f}}$、$L^{\mathrm{f}}$ 为风电功率、负荷 15 min 前预测值。松弛变量 $e_t'$ 同时表示机组补偿后剩余的预测误差，将在储能子模型中使用。

### 8.6.2 储能补偿子模型

储能系统用于进一步补偿火电机组补偿后的预测误差 $e_t'$，补偿目标使储能设备充放电功率随需要补偿的误差的增大而增大。建立储能子模型如下：

$$\min f^{\mathrm{B}} = \min \left[ e_t' \left( P_t^{\mathrm{B,dc}} - P_t^{\mathrm{B,ch}} \right) \right] \tag{8-22}$$

式中，$P^{\mathrm{B,ch}}$、$P^{\mathrm{B,dc}}$ 为储能充、放电功率；预测误差 $e_t'$ 作为储能充放电功率优化的调控系数。

储能子模型需满足以下约束：

1) 储能单时段充、放电功率约束

储能设备各时段的充、放电功率需在储能单调度时段 $\Delta t$ 内可提供的最大、最小充放电功率 $P^{\mathrm{B,max}}$、$P^{\mathrm{B,min}}$ 范围内。

$$\begin{cases} u_t^{\mathrm{B,ch}} P^{\mathrm{B,\,min}} \leqslant P_t^{\mathrm{B,ch}} \leqslant u_t^{\mathrm{B,ch}} P^{\mathrm{B,max}} \\ u_t^{\mathrm{B,dc}} P^{\mathrm{B,\,min}} \leqslant P_t^{\mathrm{B,dc}} \leqslant u_t^{\mathrm{B,dc}} P^{\mathrm{B,max}} \end{cases} \tag{8-23}$$

式中，$u^{\mathrm{B,ch}}$、$u^{\mathrm{B,dc}}$ 为储能充放电状态变量 (1 为充电或放电，0 为暂停)。

2) 储能充、放电状态约束

考虑储能设备充、放电损耗，避免频繁充、放电，仅当预测误差 $e_t'$ 的幅值超过设定的阈值时才进行充、放电，$k^{\mathrm{ch}}$、$k^{\mathrm{dc}}$ 为设定的充、放电阈值系数。

$$\begin{cases} u_t^{\mathrm{B,ch}} = 1, & e_t' \geqslant k^{\mathrm{ch}} R_t^{\mathrm{d}} \geqslant 0 \\ u_t^{\mathrm{B,dc}} = 1, & e_t' \leqslant -k^{\mathrm{dc}} R_t^{\mathrm{u}} \leqslant 0 \\ u_t^{\mathrm{B,ch}} = u_t^{\mathrm{B,dc}} = 0, & \text{其他} \end{cases}$$

式中

$$
\begin{cases}
0 \leqslant k^{\mathrm{ch}} \leqslant 1, 0 \leqslant k^{\mathrm{dc}} \leqslant 1 \\
R_t^{\mathrm{u}} = \sum_{n=1}^{N} \left( r_{n,t}^{\mathrm{u}} + \Delta r_{n,t}^{\mathrm{u}} \right) \\
R_t^{\mathrm{d}} = \sum_{n=1}^{N} \left( r_{n,t}^{\mathrm{d}} + \Delta r_{n,t}^{\mathrm{d}} \right)
\end{cases}
\tag{8-24}
$$

式中，$R_t^{\mathrm{u}}$、$R_t^{\mathrm{d}}$ 是由基于正态分布模型的机会约束得到的各时段机组上、下旋转备用总量 (SR)，若 SR 设置不足，会造成弃风或切负荷现象。当 $k^{\mathrm{ch}}$ 与 $k^{\mathrm{dc}}$ 越大，即越接近 1 时，充放电的阈值较高，充放电次数较少，但很可能由于储能设备短时间内的输出电量不足导致补偿效果下降。当 $k^{\mathrm{ch}}$ 与 $k^{\mathrm{dc}}$ 越小，即越接近 0 时，充放电次数越多，补偿量越大，但会造成储能设备频繁充放电，增加成本。在实际使用中，此参数可根据补偿需要进行调整。

3) 储能补偿量约束

经过储能设备充放电平抑之后的预测误差 $e_t'$ 需在机组的总旋转备用量范围内。

$$
\begin{cases}
e_t' - u_t^{\mathrm{B,ch}} P_t^{\mathrm{B,ch}} \geqslant k^{\mathrm{ch}} R_t^{\mathrm{d}} \\
e_t' + u_t^{\mathrm{B,dc}} P_t^{\mathrm{B,dc}} \leqslant -k^{\mathrm{dc}} R_t^{\mathrm{u}}
\end{cases}
\tag{8-25}
$$

4) 储能容量约束

储能设备在每时段提供充、放电之后的容量需在储能设备可用容量范围内。

$$
\begin{cases}
E^{\mathrm{B,min}} \leqslant E_t^{\mathrm{B}} \leqslant E^{\mathrm{B,max}} \\
E_{t+1}^{\mathrm{B}} = E_t^{\mathrm{B}} + \eta^{\mathrm{B,ch}} u_t^{\mathrm{B,ch}} P_t^{\mathrm{B,ch}} - 1/\eta^{\mathrm{B,dc}} u_t^{\mathrm{B,dc}} P_t^{\mathrm{B,dc}}
\end{cases}
\tag{8-26}
$$

式中，$\eta^{\mathrm{B,ch}}$、$\eta^{\mathrm{B,dc}}$ 为储能设备充放电效率；$E^{\mathrm{B}}$、$E^{\mathrm{B,max}}$、$E^{\mathrm{B,min}}$ 为储能设备当前容量和最大、最小可用容量。

### 8.6.3 实时误差补偿主模型

机组子模型和储能子模型求解完毕后，进行主模型求解。将总调整量按成本最低的目标分配给各机组，并考虑储能充放电损耗成本 $C^{\mathrm{B}}$[12]，建立主模型如下：

$$
\begin{cases}
\min F^{\mathrm{R-T}} = \min \left( F^{\mathrm{I-D}} + C^{\mathrm{B}} \right) \\
C^{\mathrm{B}} = \dfrac{C^{\mathrm{I}}}{n^{\mathrm{total}}} \sum_{t=1}^{T} \dfrac{u_t^{\mathrm{B,ch}} + u_t^{\mathrm{B,dc}}}{2} \\
\text{s.t.} \sum_{n=1}^{N} \left( P_{n,t}^{\mathrm{R-T}} + \Delta P_{n,t}' \right) = P_t^{\mathrm{G}}
\end{cases}
\tag{8-27}
$$

式中，$C^{\mathrm{I}}$、$n^{\mathrm{total}}$ 为储能投资成本、寿命循环次数。决策变量 $\Delta P'_{n,t}$ 为各机组在各时段出力的调整量。$F^{\mathrm{I-D}}$ 中的各项表达式、其他约束条件与日内滚动修正模型相同。

综合前文所提估计方法、调度模型，利用 IRMO 求解模型，得到本章所提基于实时误差补偿的电力系统多时间尺度滚动调度模型流程图如图 8-5 所示。

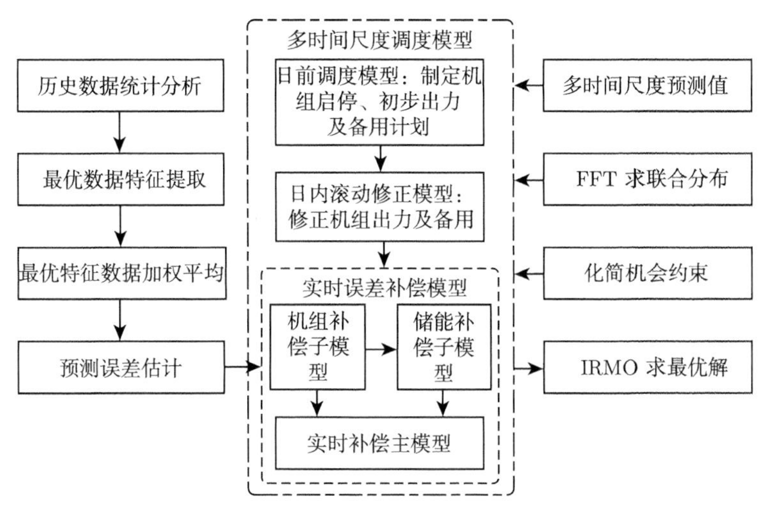


图 8-5 基于实时误差补偿的电力系统多时间尺度滚动调度模型流程图

# 8.7 算例分析

## 8.7.1 案例设置

为说明和验证本章所提风电功率预测误差估计方法的准确性和所建调度模型解决预测误差的有效性，对含 1 座风电场的 IEEE 39 节点系统和含 3 座风电场的 IEEE 118 节点系统进行仿真分析，首先设置以下 4 种案例：

Case 1：调度模型由日前调度模型和日内调度模型组成。无实时补偿环节。根据日内基于概率分布的机会约束模型，由其设置的旋转备用 (SR) 提供补偿。

Case 2：调度模型由日前调度模型、日内调度模型、机组实时补偿子模型和主模型组成。在 SR 基础上，根据实时预测误差评估值，仅由机组进行实时补偿。

Case 3：调度模型由日前调度模型、日内调度模型和储能实时补偿子模型组成。在 SR 基础上，根据实时预测误差评估值，仅由储能系统进行实时补偿。

Case 4：调度模型由日前调度模型、日内调度模型和机组实时补偿子模型、储能实时补偿子模型以及主模型组成。在 SR 基础上，根据实时预测误差评估值，由机组和储能系统共同进行实时补偿。

采用 IRMO 算法求解，运行平台与参数设置与第 6.4 节相同。

### 8.7.2 IEEE 39 节点系统

利用含 1 座风电场和储能系统的 IEEE 39 节点系统验证本章所提方法及模型的有效性，机组数据见文献 [13]。风电数据为比利时 ELIA 电力运营商 2017 年 3 月的运行数据 [4]，并按照装机容量 400 MW 归一化处理。储能系统总容量为 100 MW·h，模型各参数取值如表 8-2 所示。3 月 29 日的负荷数据如图 8-6 所示。

表 8-2 储能系统及调度模型参数取值

| $E^{\mathrm{B,min}}$ | $E^{\mathrm{B,max}}$ | $P^{\mathrm{B,min}}$ | $P^{\mathrm{B,max}}$ | $\eta^{\mathrm{B,ch}}$ | $\eta^{\mathrm{B,dc}}$ | $C^{\mathrm{I}}$ | $n^{\mathrm{total}}$ |
|---|---|---|---|---|---|---|---|
| 5 MW·h | 95 MW·h | 0 MW | 25 MW | 0.9 | 0.9 | $7.7\times10^5$美元 | $2\times10^4$ |
| $k^{\mathrm{ch}}$ | $k^{\mathrm{dc}}$ | $k^{\mathrm{u}}$ | $k^{\mathrm{d}}$ | $k^{\mathrm{w}}$ | $k^{\mathrm{l}}$ | $\alpha^{\mathrm{u}}$ | $\alpha^{\mathrm{d}}$ |
| 0.8 | 0.8 | 20 美元/MW | 15 美元/MW | 0.4 | 0.02 | 0.9 | 0.9 |

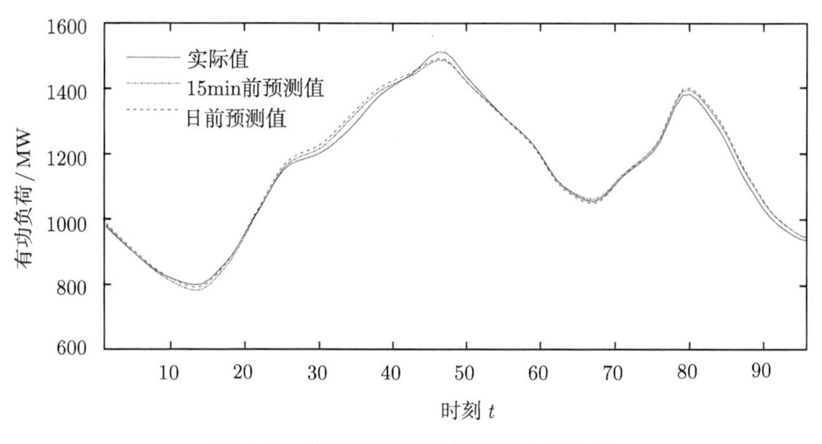


图 8-6 实际和预测负荷需求功率数据

1. 风电功率预测误差估计

首先利用前文所述估计方法对风电场 2017 年 3 月 29 日的风电功率预测误差进行估计。根据表 8-1 中的春季最优值 $N_j^{\mathrm{opt}}$ 并结合近期历史数据，利用式 (8-2)~式 (8-5) 计算各影响因素并归一化得到 $\lambda_1^{\mathrm{opt}}$ ~$\lambda_4^{\mathrm{opt}}$。然后，根据表 8-1 中的春季最优值 $R_j^{\mathrm{opt}}$，利用式 (8-7) 计算并得到风电功率预测误差估计指标 $\lambda^{\mathrm{e}}$。对其反归一化得到风电功率预测误差估计值，将其与实际预测误差比较，如图 8-7 所示。

由图可见，实际预测误差在每个时段都能得到不同程度的估计。如 $t$=85 时，利用本章方法得到的预测误差估计值为 $-34.48$ MW，实际预测误差为 $-34.04$ MW，两者相差很小，说明第 70 时刻的实际预测误差得到了较大程度的估计。又如 $t$=50 时刻计算得到预测误差估计值为 42.23 MW，风电功率实际的预测误差为 69.22 MW，说明第 50 时刻的实际预测误差得到了一定程度的估计。尽管此时估计值与实际值间还存在一定差距，但估计出了预测误差会比较大且风电功率实际值会比预测值偏大，并在调度模型的实时补偿环节做出最大程度的补偿，最后系统需面临的不平衡功率为 26.99 MW (69.22−42.23=26.99)。相反，若没有提前估计并进行补偿，系统将会面临 69.22 MW 的不平衡功率。

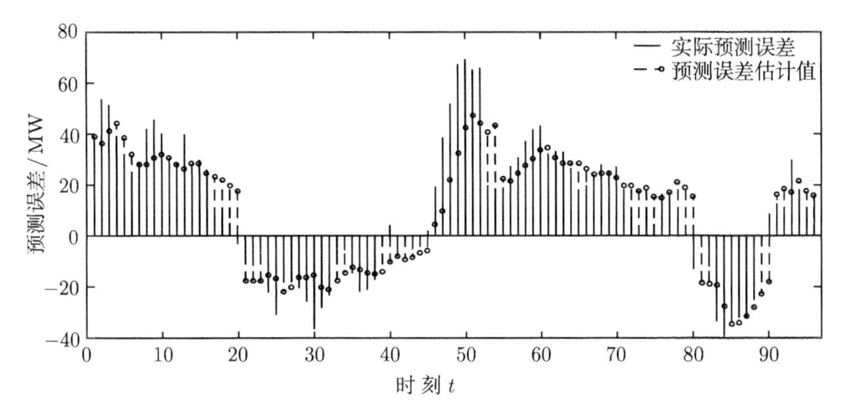


图 8-7 风电功率的实际预测误差与估计值的比较

另外，$\lambda_1^{\mathrm{opt}} \sim \lambda_4^{\mathrm{opt}}$ 与实际预测误差的相关系数 $R_1 \sim R_4$ 以及 $\lambda^{\mathrm{e}}$ 与实际预测误差的相关系数 $R^{\mathrm{e}}$ 如表 8-3 所示。

**表 8-3 单个影响因素、综合估计指标与预测误差间相关系数的比较**

| $R_1$ | $R_2$ | $R_3$ | $R_4$ | $R^{\mathrm{e}}$ |
|---|---|---|---|---|
| 0.0831 | 0.3094 | 0.2060 | 0.5336 | 0.8775 |

由表 8-3 可见，单个影响因素与预测误差间的相关性较低，4 个相关系数中最高的为 0.5336，最低的仅为 0.0831。而本章得到的综合估计指标与预测误差的相关系数达到了 0.8775，相关性明显增高，因此能更准确地估计预测误差。

2. Case 1 仿真分析

本案例为传统的基于机会约束的含风电场电力系统多时间尺度经济调度模型。经过日内滚动调整，电网调度计划跟踪至风电功率 15 min 前预测值。求解基于正态分布模型的机会约束，可得到其对风电功率预测误差的估计范围，即机组需设置的上、下旋转备用量 (SR)，如图 8-8(a) 中虚线所示。本章算例中的预测误差包含风电功率的预测误差和负荷的预测误差，如图 8-8(a) 中实线所示。

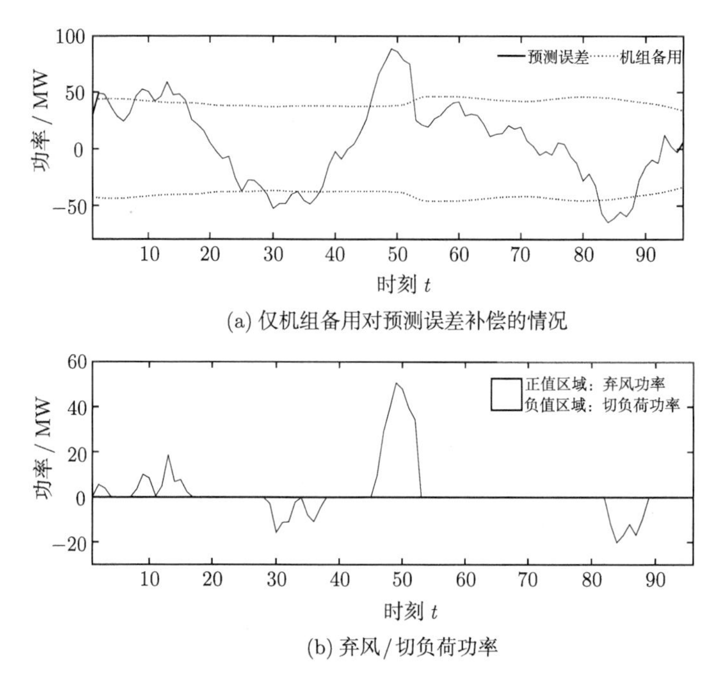


(a) 仅机组备用对预测误差补偿的情况

(b) 弃风/切负荷功率

图 8-8　Case 1 预测误差补偿、弃风/切负荷情况

预测误差在两条虚线之间的时段说明可以被 SR 完全补偿，在虚线外的时段则说明只能被 SR 部分补偿。预测误差无法被 SR 完全补偿则会造成弃风 (正值区域) 和切负荷 (负值区域)，如图 8-8(b) 中的曲线与坐标轴所围区域。

图 8-8 中，$t$=50 时，风电功率实际预测误差为 69.22 MW，负荷预测误差为 −17.14 MW。出现了风电低估、负荷高估同时发生的极端情况，预测误差达到了 86.36 MW，远超出 SR=−38.43 MW，弃风功率高达 47.93 MW，弃风比例为 16.7%。又如 $t$=85 时，风电功率实际预测误差为 −34.48 MW，负荷预测误差为 26.69 MW。同时出现了风电高估、负荷低估的极端情况，预测误差达到了 −61.17 MW，大大超过了 SR=44.09 MW，此时需切除负荷 −17.08 MW，切负荷比例为 1.2%。

在 96 个采样时刻中，预测误差超出 SR 补偿范围的时刻达到了 34 个，实际投入的 SR 为 623.1 MW，弃风总功率为 323.9 MW，切负荷总功率为 155.6 MW。因此，根据概率模型的机会约束安排的机组旋转备用量难以补偿突发的预测误差高峰，因而造成了较大的弃风和切负荷。

3. Case 2 仿真分析

根据实时预测误差评估值，在调度模型中增加实时补偿环节。在 Case 2 中，仅由机组承担实时补偿任务。机组补偿前后的预测误差如图 8-9(a) 所示，机组补偿前后的弃风量和切负荷量如图 8-9(b) 所示。

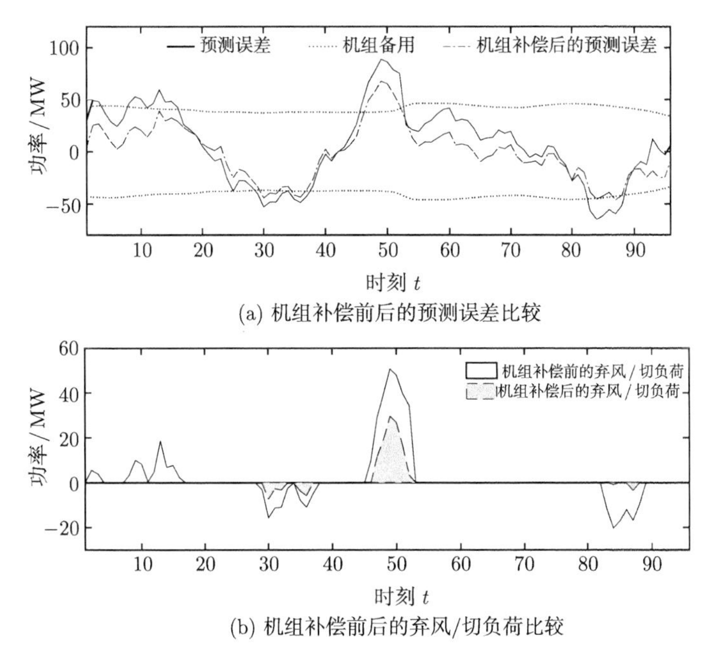

(a) 机组补偿前后的预测误差比较

(b) 机组补偿前后的弃风/切负荷比较

图 8-9 机组补偿前后的预测误差、弃风/切负荷比较

由图 8-9 可见，引入机组实时补偿子模型后，预测误差得到更大程度的补偿。如 $t$=50 时，与 Case 1 相比，经机组实时补偿后，图 8-9(a) 中预测误差从 86.36 MW 降低至 65.21 MW，降低了 24.5%。此时，图 8-9(b) 中弃风功率从 47.93 MW 降低至 26.78 MW，降低了 44.1%。又如 $t$=85 时，经机组调整后，图 8-9(a) 中预测误差从 61.17 MW 降低至 44.09 MW，降低了 27.9%。此时图 8-9(b) 中切负荷功率从 17.08 MW 降低至 0 MW，完全避免了切负荷现象。

在 96 个采样时刻中，与 Case 1 相比，预测误差超出 SR 的时刻由 34 个减少至 14 个，实际投入的 SR 从 623.1 MW 降低至 466.3 MW，降低了 25.2%；弃风总功率从 323.9 MW 降低至 107.6 MW，降低了 66.8%；切负荷总功率也从 155.6 MW 降低至 27.1 MW，降低了 82.6%。

可见，由于进行了提前补偿，SR 的实际投入量减少，从而有了更多的可调空间应对突发的预测误差高峰，减少了弃风和切负荷现象。但是，受机组爬坡等约束的限制，机组在短时间内能补偿的功率有限，故仅靠机组在实时补偿环节的调节仍存在弃风和切负荷现象。

4. Case 3 仿真分析

根据实时预测误差评估值，在调度模型中增加实时补偿环节。本例中仅用储能系统充放电实时补偿预测误差。储能补偿前后的预测误差如图 8-10(a) 所示，储能

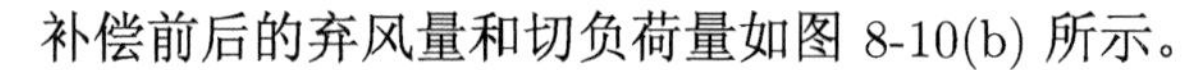
补偿前后的弃风量和切负荷量如图 8-10(b) 所示。

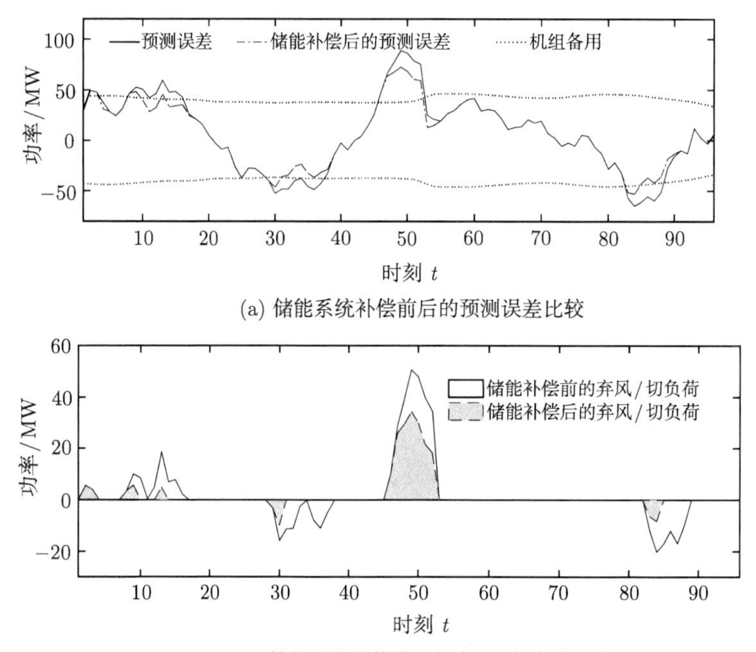


(a) 储能系统补偿前后的预测误差比较

(b) 储能系统补偿前后的弃风/切负荷比较

图 8-10 储能系统补偿前后的预测误差、弃风/切负荷比较

由图 8-10 可见，根据实时预测误差评估值设置充放电的储能系统也对预测误差有较好的补偿效果。如 $t$=50 时，经储能补偿后，图 8-10(a) 中预测误差从 Case 1 中的 86.36 MW 降低至 68.55 MW，降低了 20.6%。此时，图 8-10(b) 中弃风功率从 47.93 MW 降低至 30.12 MW，降低了 37.2%。又如 $t$=85 时，经储能补偿后，图 8-10(a) 中预测误差从 61.17 MW 降低至 42.69 MW，降低了 30.2%。此时，图 8-10(b) 中切负荷功率从 17.08 MW 降低至 0 MW，也可以避免切负荷现象。

在 96 个采样时刻中，与 Case 1 相比，预测误差超出 SR 的时刻由 34 个减少至 16 个，实际投入的 SR 由 623.1 MW 降到 587.6 MW，降低了 5.7%；弃风总功率从 Case 1 中的 323.9 MW 降到 193.9 MW，降低了 40.1%；切负荷总功率也从 155.6 MW 降到 27.7 MW，降低了 82.2%。可见，储能系统的补偿也能达到与 Case 2 类似的效果，从而减少弃风和切负荷现象。

储能各时段充放电功率及储能系统 SOC 曲线如图 8-11 所示。

本章所提模型中，只有当风电功率预测误差估计值大于一定阈值 ($k^{\mathrm{ch}}/k^{\mathrm{dc}}\times\mathrm{SR}$) 时才进行补偿，详见式 (8-24)。本章中 $k^{\mathrm{ch}}=k^{\mathrm{dc}}$=0.8，此时对误差较大的时段具有较好的补偿效果且充放电次数较少。由图 8-11 可见，储能系统在 96 个采样时刻中充放电次数为 35 次，且充电或放电的时段较集中，未出现频繁充放电的现象。图中的虚线表示储能系统可用容量的上下限。可见，储能系统在各时刻满足可用容量约束。由于储能系统短时间内充放电功率、容量均有限，故仅靠储能系统在实时补偿环节的补偿也无法完全补偿预测误差。

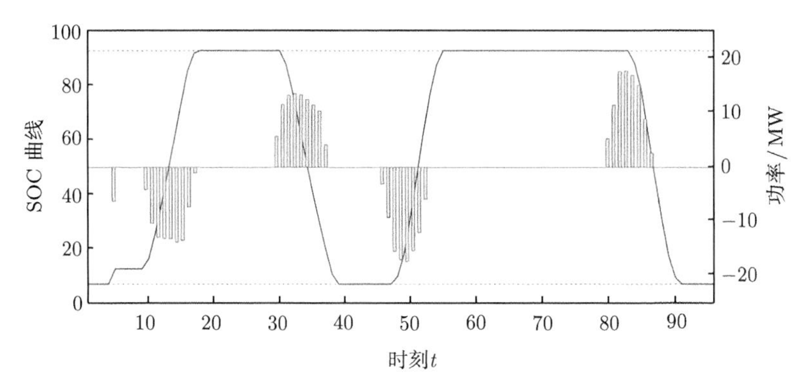


图 8-11 本案例储能系统各时段充放电功率及 SOC 曲线

5. Case 4 仿真分析

由 Case 2 和 Case 3 的计算结果可知，由于机组爬坡约束和储能充放电功率约束，仅靠机组或仅靠储能在补偿实时预测误差评估值时具有较大的偏差。因此本章建立的基于实时误差补偿的电力系统多时间尺度滚动调度模型，将这两种方式纳入实时补偿环节中，本例将分析采用机组和储能后的电网调度效果。根据 8.6 节的实时误差补偿模型，先由调整机组进行补偿，再由储能系统充放电进一步补偿剩余误差。机组和储能补偿前后的预测误差如图 8-12(a) 所示，机组和储能补偿前后的弃风量、切负荷量如图 8-12(b) 所示。

由图 8-12 可见，采用先机组、后储能的补偿方式对预测误差有非常明显的补偿效果。$t$=50 时，经机组和储能调整后，图 8-12(a) 中预测误差从 86.36 MW 降低至 45.21 MW，降低了 47.6%。此时，图 8-12(b) 中弃风功率从 47.93 MW 降低至 6.78 MW，降低了 85.9%。又如 $t$=85 时，经机组和储能调整后，图 8-12(a) 中预测误差从 61.17 MW 降低至 35.42 MW，降低了 42.1%。此时，图 8-12(b) 中切负荷功率从 17.08 MW 降低至 0 MW，完全避免了切负荷现象。

在 96 个采样时刻中，经机组和储能调整后，预测误差超出 SR 的时刻由 34 个减少至 5 个，实际投入的 SR 从 623.1 MW 降低至 396.6 MW，降低了 36.4%；弃风总功率从 Case 1 中的 323.9 MW 降低至 35.9 MW，降低了 88.9%；切负荷总功率从 155.6 MW 降至 0 MW，降低了 100%。

储能各时段充放电功率及储能系统 SOC 如图 8-13 所示。

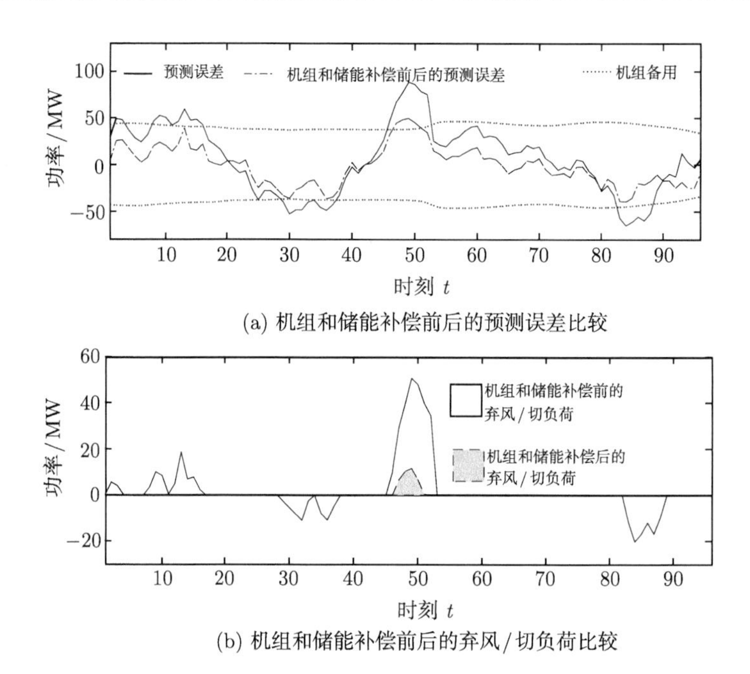


图 8-12　机组和储能补偿前后的预测误差、弃风/切负荷比较

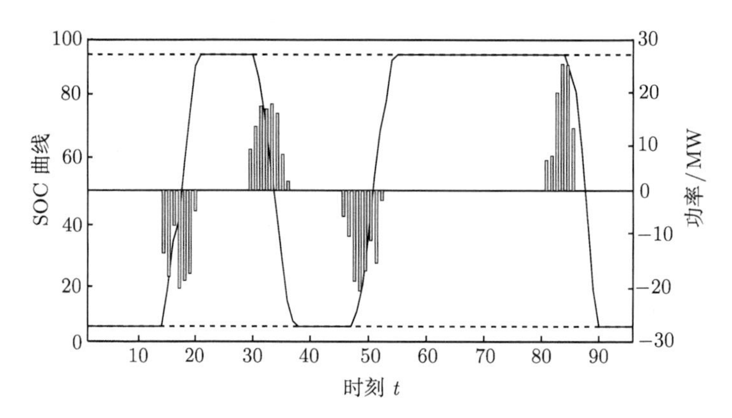


图 8-13　本案例储能系统各时段充放电功率及 SOC 曲线

由图 8-13 可见，相比 Case 3 仅靠储能补偿的方式，Case 4 中储能系统在 96 个采样时刻中充放电次数由 35 次减少至 29 次，降低了储能充放电损耗。且充电或放电的时段非常集中，未出现频繁充放电的现象。由图中的 SOC 曲线可知储能各时刻满足可用容量约束。

将各时段的机组输出功率、机组投入的旋转备用容量、风电输出功率、储能充放电功率、弃风量与负荷需求以堆叠图形式展示，以验证各时段的功率平衡情况，如图 8-14 所示。

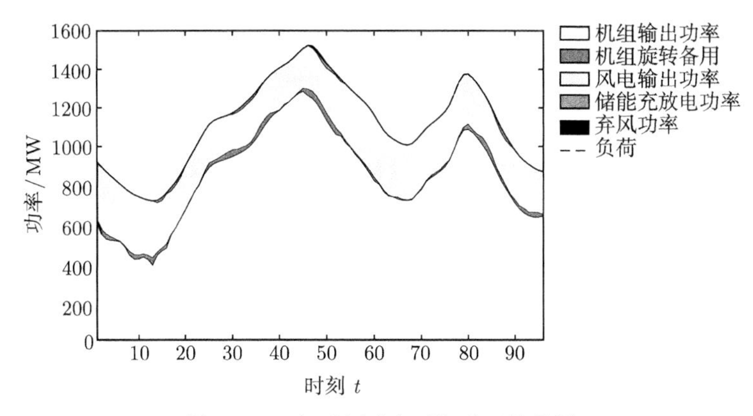


图 8-14 各时刻功率平衡验证堆叠图

图 8-12 和图 8-14 表明，除了在第 47~51 采样时刻由于预测误差过大无法完全补偿以外，其余时段均可以通过机组和储能的补偿，消除弃风和切负荷问题，说明本章方法有效，模型合理。

6. 综合横向比较

Case 1~Case 4 中总的各发电单元的出力、成本及风险如表 8-4 所示。

**表 8-4 各案例运行成本比较** (单位：美元)

| 案例 | 机组发电成本 | | | | 储能成本 | 运行风险成本 | | | 总成本 |
|---|---|---|---|---|---|---|---|---|---|
| | 燃料 + 启停 | 上备用 | 下备用 | 总备用 | | 弃风 | 切负荷 | 总风险 | |
| Case1 | 430497 | 5034 | 5571 | 10605 | — | 32386 | 31134 | 63520 | 504622 |
| Case2 | 427267 | 5123 | 3151 | 8274 | — | 10755 | 5411 | 16166 | 451707 |
| Case3 | 430497 | 4674 | 5309 | 9983 | 1386 | 19386 | 5536 | 24922 | 466788 |
| Case4 | 427267 | 4315 | 2712 | 7027 | 1117 | 3585 | 0 | 3585 | 438996 |

注：弃风、切负荷成本惩罚系数分别设为 100 美元/MW、200 美元/MW。

由表 8-4 中系统运行成本比较可见，在实际运行过程中，由于 Case 2 与 Case 3 的提前调节，SR 的实际投入在一定程度上减少，从而降低 SR 成本。在 Case 2 中，SR 投入成本从 Case 1 中的 10605 美元降低至 8274 美元，减少了 22.0%；在 Case 3 中，SR 投入成本从 Case 1 中的 10605 美元降低至 9983 美元，减少了 5.9%；进一步地，Case 4 更能使 SR 投入成本从 10605 美元降低至 7027 美元，相较 Case 1 减少了 33.7%。同时，由于机组进行了优先调节，Case 4 中储能充放电次数明显减少，从而使储能损耗成本从 Case 3 中的 1386 美元降低至 1117 美元，成本减少了 19.4%。

由表 8-4 中系统运行风险比较可见，基于概率分布的机会约束模型 (Case 1) 设置的旋转备用在实际运行时难以应对较大的预测误差，造成大量弃风和切负荷，系统运行风险和成本均较高。而基于本章的实时预测误差估计值，在 Case 2 与 Case 3 的提前调节下，系统运行风险惩罚成本从 Case 1 中的 63520 美元分别降低至 16166 美元和 24922 美元，减少了 74.5%和 60.8%。利用机组和储能共同补偿的 Case 4 更使系统风险惩罚成本从 Case 1 中的 63520 美元降低至 3585 美元，相较 Case 1 减少了 94.4%。同时，Case 4 使系统运行总成本也降至最低，相较 Case 1，总成本减少了 65624 美元，降低了 13.0%。

7. 配置不同储能容量下系统的运行风险分析

进一步，为反映不同储能容量对调度结果的影响，使储能容量从 60 MW· h 以 10 MW· h 为步长递增至 160 MW· h，分别对 Case 4 下的调度模型求解，得到弃风量和切负荷量的变化过程如图 8-15 所示。

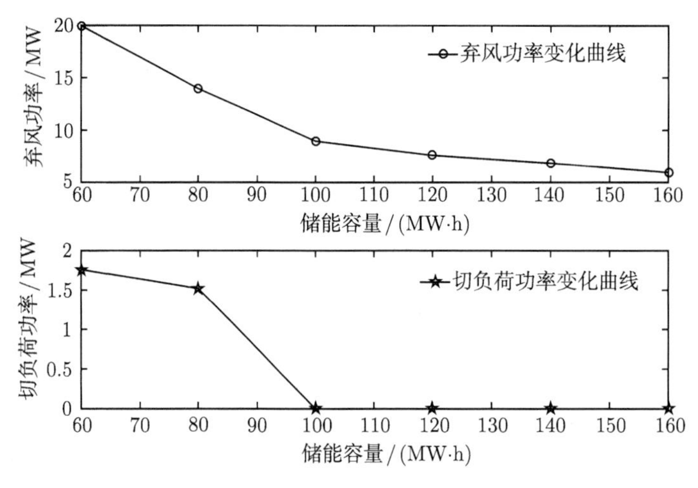


图 8-15　不同储能容量的弃风量和切负荷量

由图 8-15 可见，随着储能容量配置的增大，弃风量和切负荷量都呈递减趋势。比较降低趋势可以发现，当储能配置容量大于 100 MW·h 时，储能系统容量的递增对弃风量及切负荷量的改善并不明显，原因并不是容量配置不够，而是储能系统在短时间内能够吸收或发出的电量有限。因此，当储能容量配置过高时，对系统改善并不明显，反而增加了储能配置成本，故需合理地配置储能容量。通过调整第 8.6 节式 (8-24) 中的储能充放电阈值系数，可延长储能的响应时间，以实现无弃风的目标，本书将在 8.7.3 节中做具体分析。

### 8.7.3　IEEE 118 节点系统

为进一步说明本章所提方法和模型的有效性及改进算法在大规模电力系统中的优化效果，本节对 IEEE 118 节点测试系统进行仿真，系统参数见文献 [14]。测试系统包含 186 条传输线、54 台火电机组、91 个负荷点和 3 座并网风电场。风电场的数据为 ELIA 电力运营商公开的 2017 年 3 月运行数据，并按装机容量 600 MW 归一化处理。储能系统和调度模型的参数如表 8-5 所示。

**表 8-5 储能系统和调度模型参数设置**

| $E^{\mathrm{B,min}}$ | $E^{\mathrm{B,max}}$ | $P^{\mathrm{B,min}}$ | $P^{\mathrm{B,max}}$ | $\eta^{\mathrm{B,ch}}$ | $\eta^{\mathrm{B,dc}}$ | $C^{\mathrm{I}}$ | $n^{\mathrm{total}}$ |
|---|---|---|---|---|---|---|---|
| 20 MW·h | 480 MW·h | 0 MW | 120 MW | 0.9 | 0.9 | $1.3\times10^6$美元 | $2\times10^4$ |
| $k^{\mathrm{ch}}$ | $k^{\mathrm{dc}}$ | $k^{\mathrm{u}}$ | $k^{\mathrm{d}}$ | $k^{\mathrm{w}}$ | $k^{\mathrm{l}}$ | $\alpha^{\mathrm{u}}$ | $\alpha^{\mathrm{d}}$ |
| 0.8 | 0.8 | 16.5 美元/MW | 16.5 美元/MW | 0.4 | 0.02 | 0.9 | 0.9 |

1. 风电功率预测误差估计

将 3 月 2~4 日共 3 天的风电功率数据分别作为 3 座风电场 (WF1、WF2、WF3) 的运行数据，按照前文所述风电功率预测误差的估计方法分别对其预测误差进行估计，得到预测误差估计值与实际预测误差的比较如图 8-16 所示。

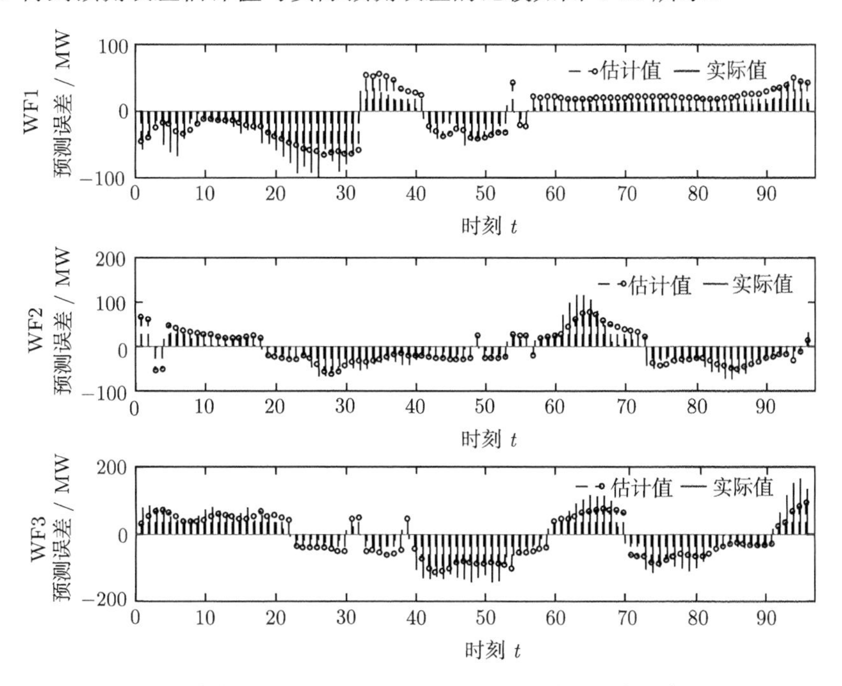


图 8-16 风电场 WF1、WF2 和 WF3 预测误差估计值和实际值比较

由图 8-16 可见，3 座风电场的预测误差估计值和实际值的趋势和幅值大致相同，计算预测误差估计值和实际值的相关系数分别为 0.8587、0.7942 和 0.8949，说明其预测误差均得到了良好的估计。

2. Case 4 仿真分析

根据估计预测误差，按照 Case 4 的模型设置，利用改进的径向移动算法对含 3 座风电场的 IEEE 118 节点系统调度模型优化求解，得到机组和储能对预测误差的实时修正结果，如图 8-17 所示。

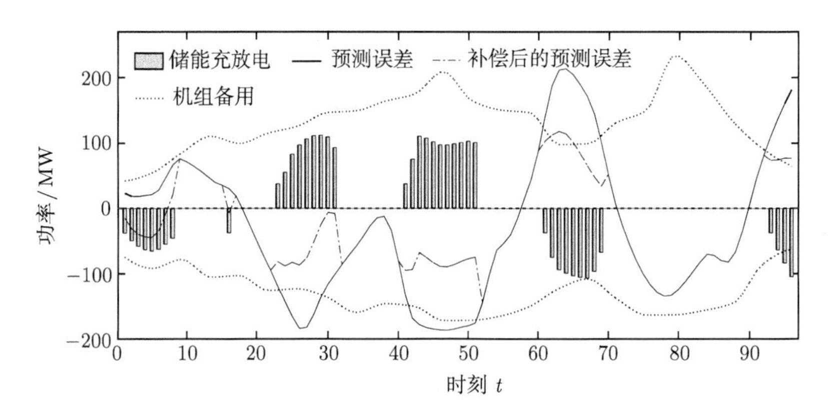


图 8-17 机组和储能对预测误差的补偿结果

图 8-17 中，虚线为所有开机的机组在单时段 (15 min) 内能提供的上下旋转备用容量 (SR)。由图 8-17 中的风电预测误差曲线可见，在机组和储能补偿前，风电功率预测误差多次超出 SR 补偿范围，在整个调度周期内造成 941.5 MW 的弃风功率和 372.4 MW 的切负荷功率，弃风率达到 3.7%，系统运行风险高。经过机组和储能两次修正后，预测误差得到较好的平抑效果，在大部分时段均被补偿至机组 SR 的可调整范围内。在 96 个时段内，除第 63 和 96 时段附近造成少量弃风外 (因预测误差估计值偏小)，其他时段均无弃风。总弃风量为 67.9 MW，补偿前后降低了 873.6 MW，弃风率降低至 0.28%，补偿后没有发生切负荷现象。

3. 不同储能充放电阈值系数下的结果分析

由第 8.6 节中式 (8-24) 及其描述，不同充放电阈值 ($k^{\mathrm{ch}}$、$k^{\mathrm{dc}}$) 的设定对储能充放电次数、储能成本、弃风量和切负荷量均有影响，它们之间的关系如表 8-6 所示。

由表 8-6 可见，充放电阈值系数设置越低，储能充放电次数越多，预测误差能得到更好的补偿，弃风量和切负荷量也随之降低，但同时储能的使用成本也随之上升。当阈值降低至 0.80 时，切负荷量为 0.0，有少量弃风。当阈值降低至 0.70 时，可以完全补偿预测误差，此时弃风量和切负荷量均为 0.0，但充放电次数也多达 46 次，成本也随之上升。因此，在实际调度中可根据情况进行调整。

表 8-6 不同储能充放电阈值系数下的结果

| $k^{ch}$, $k^{dc}$ | 充放电次数 | 储能成本/美元 | 弃风功率/MW | 弃风率/% | 切负荷功率/MW |
| --- | --- | --- | --- | --- | --- |
| 1.00 | 16 | 1040.0 | 293.7 | 1.19 | 177.5 |
| 0.95 | 20 | 1300.0 | 181.2 | 0.74 | 119.9 |
| 0.90 | 29 | 1885.0 | 108.8 | 0.44 | 96.3 |
| 0.85 | 32 | 2080.0 | 108.8 | 0.44 | 29.8 |
| 0.80 | 42 | 2730.0 | 67.9 | 0.28 | 0.0 |
| 0.75 | 44 | 2860.0 | 11.4 | 0.05 | 0.0 |
| 0.70 | 46 | 2990.0 | 0.0 | 0.00 | 0.0 |

### 4. 与其他方法和模型的比较分析

求解 IEEE 118 节点系统下 Case 4 模型在调度周期内的各项成本如表 8-7 所示。成本惩罚系数设置见表 8-4。

表 8-7 Case 4 模型下的各项发电成本 (单位: 美元)

| 机组燃料和启停成本 | 机组备用成本 | 储能成本 | 弃风成本 | 切负荷成本 | 总成本 |
| --- | --- | --- | --- | --- | --- |
| 661442.8 | 100671.5 | 2730.0 | 6790.0 | 0.0 | 771634.3 |

将本章所提模型对 IEEE 118 节点测试系统的调度结果与文献 [10] 的几种模型结果在总成本、计算时间和弃风率三个方面进行比较，如表 8-8 所示。

表 8-8 与其他方法和模型的结果比较

| 其他方法和模型 | 参数设置 | 总成本/万美元 | 计算时间/s | 弃风率/% |
| --- | --- | --- | --- | --- |
| SO 随机模型 | SC=30 | 76.38 | 980.6 | 0.16 |
| RO 鲁棒模型 | SC=1 | 81.32 | 13.8 | 1.05 |
| ROB 鲁棒模型 | SC=1 | 81.68 | 184.4 | 1.11 |
| SR 随机鲁棒模型 | SC=20 | 76.45 | 289.6 | 0.14 |
| SRB 随机鲁棒模型 | SC=10 | 76.52 | 654.8 | 0.17 |
| 本章模型 | $k^{ch}=k^{dc}$=0.80 | 77.16 | 94.9 | 0.28 |
| 本章模型 | $k^{ch}=k^{dc}$=0.75 | 76.61 | 93.3 | 0.05 |
| 本章模型 | $k^{ch}=k^{dc}$=0.70 | 76.51 | 95.0 | 0.00 |

由表 8-8 可见，在应对弃风方面，文献 [14] 提出的 SRB 随机鲁棒模型与本章所提基于实时误差调整的多时间尺度滚动调度模型均能取得较好的效果，弃风率大都被控制在 1% 以下。通过合理设置风电场景和联合随机鲁棒模型的建立，文献 [14] 所提随机鲁棒模型可以取得比随机模型和鲁棒模型更低的弃风率。但其模型变量和约束众多，且随着场景数目的增大线性增长，故计算时间较长。而本章方法变

量和约束较少，可以在取得相同风电消纳效果的情况下显著节省计算时间。此外，风电预测误差难以避免，而仅靠机组备用难以应对较大的误差波动。因此，本章模型可以通过调节储能系统充放电阈值更大程度地消纳风电，在本例中可以将弃风率降至 0.00。值得说明的是，建立的模型和参数的设置有所差异，导致总成本的计算结果具有差异性，但总体差距不大。

基于上述对比分析，将本章模型与 SO、RO、SRB 模型在弃风控制、切负荷控制、总成本、计算时间、模型灵活性 5 个方面进行比较，以图 8-18 所示蛛网图表示。

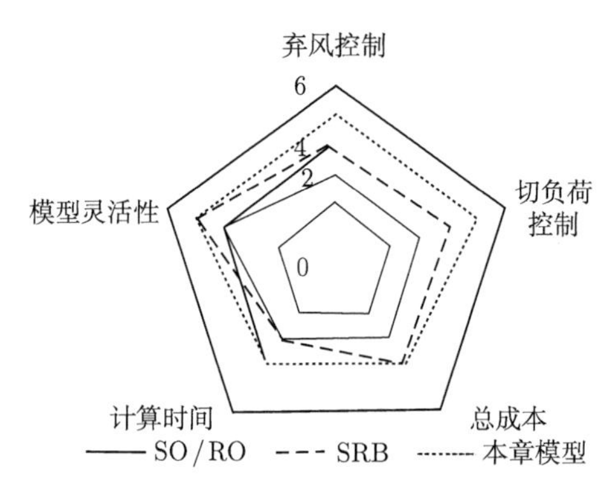


图 8-18　本章方法与其他方法的综合对比评估蛛网图

图 8-18 展示了这些模型在 5 个方面的性能表现。它分为 5 个等级，从内到外，数字越大，能力越强。对于灵活性、弃风控制和切负荷控制方面，SRB 模型可以通过调整目标函数权重和弃风惩罚系数，实现弃风率与总成本的平衡。然而，由于风电表述模型误差较大，机组的可调范围有限，不能完全消除弃风或切负荷现象。相反，本章模型可以通过调整储能充放电阈值系数和成本惩罚系数来实现弃风、切负荷和储能投入量间的权衡，使系统完全消纳风电，并将切负荷降到 0。因此，SRB 和本章模型具有相同的灵活性水平，本章模型在弃风控制和切负荷控制方面的水平高于 SRB。在计算时间和总成本方面，如上所述，本章模型因变量和约束较少，故所消耗求解时间比 SRB 模型更少，而二者总成本相比差距不大。因此，SRB 和本章模型在总成本上具有相同的水平，本章模型在计算时间上具有较高的水平。综上所述，本章模型 5 个方面性能的综合表现水平高于 SRB 模型。

## 8.8　本 章 小 结

本章提出一种基于概率最优数据特征提取的风电预测误差估计方法。通过对历史数据的统计，分析与预测误差相关的影响因素，得到提取其概率最优数据特征的方法，并以概率最优相关系数为权重将所提取的数据特征进行整合，得到预测误差估计指标；建立了基于实时误差补偿的电力系统多时间尺度滚动调度模型，在实时补偿环节根据预测误差估计指标修正火电机组出力，并利用储能系统作进一步补偿，从而促进风电消纳，降低发电成本。算例分析验证了预测误差估计方法的准确性及模型的有效性 [15]。

## 参 考 文 献

[1] Ummels B C, Gibescu M, Pelgrum E, et al. Impacts of wind power on thermal generation unit commitment and dispatch. IEEE Transaction Energy Convers, 2007, 22(1): 44-51.

[2] Tuohy A, Meibom P, Denny E, et al. Unit commitment for systems with significant wind penetration. IEEE Transactions Power Systems, 2008, 24(2): 592-601.

[3] Hetzer J, Yu D C, Bhattarai K. An economic dispatch model incorporating wind power. IEEE Transactions on Energy Convers, 2008, 23: 603-611.

[4] Elia. Wind power generation data. http://www.elia.be/en/grid-data/powergeneration/wind-power, [2020-06-06].

[5] 王豹, 徐箭, 孙元章, 等. 基于通用分布的含风电电力系统随机动态经济调度. 电力系统自动化, 2016, 40(6): 17-24.

[6] Fang Y, Zhao Y D, Ke M, et al. Quantum-inspired particle swarm optimization for power system operations considering wind power uncertainty and carbon tax in Australia. IEEE Transactions on Industrial Informatics, 2012, 8(4): 880-888.

[7] Jadhav H T, Roy R. Gbest guided artificial bee colony algorithm for environmental/economic dispatch considering wind power. Expert Systems with Applications, 2013, 40(16): 6385-6399.

[8] 董晓天, 严正, 冯冬涵, 等. 计及风电出力惩罚成本的电力系统经济调度. 电网技术, 2012, 36(8): 76-80.

[9] Li H, Romero C E, Zheng Y. Economic dispatch optimization algorithm based on particle diffusion. Energy Conversion and Management, 2015, 105: 1251-1260.

[10] Zhou B R, Geng G C, Jiang Q Y. Hierarchical unit commitment with uncertain wind power generation. IEEE Transactions on Power Systems, 2015, 31(1): 84-104.

[11] 张心怡, 杨家强, 张晓军. 基于机会约束的含多风电场动态经济调度. 浙江大学学报 (工学版), 2017, 51(5): 976-983.

[12] 张新松, 袁越, 曹阳. 考虑损耗成本的电池储能电站建模及优化调度. 电网技术, 2017, 41(5): 1541-1548.

[13] Carrión M, Arroyo J M. A computationally efficient mixed-integer linear formulation for the thermal unit commitment problem. IEEE Transactions on Power Systems, 2006, 21(3): 1371-1378.

[14] Morales-Españaa G, Lorcab Á, Weerdta M M D. Robust unit commitment with dispatchable wind power. Electric Power Systems Research, 2018, 155: 58-66.

[15] Han L, Zhang R C, Wang X S. Multi-time scale rolling economic dispatch for wind/storage power system based on forecast error feature extraction. Energies, 2018, 11(8): 2124.

# 第9章　考虑风电预测误差风险的电力系统经济调度

## 9.1　引　　言

本章首先研究预测误差关联参数，采用主成分分析法对这些参数进行预处理，提取对误差更敏感的特征量，以此特征为输入建立风电预测误差评估模型，根据评估模型的输出定义风险因子以评估风电风险等级，建立含风电风险因子的经济调度模型，降低风电预测误差给电网带来的风险。

## 9.2　风电预测误差分析

风电预测误差不可避免，本节通过分析历史数据以确定哪些因素与预测误差有密切的关系。这些数据来自 ELIA 公司网站 [1] 和美国国家可再生能源实验室 [2]。

预测误差 (forecast error，FE) 定义如式 (5-1)，可能与预测误差有关的参数包括预测误差方差 (forecast error variance，FEV) 和实际值方差 (actual output power variance，AOV)，预测输出功率方差 (forecast output variance，FOV) 以及实际输出功率与预测输出功率之间的协方差 (covariance between actual output power and forecast output power，COV)。AOP 和 FOP 直接取自历史数据，不需要定义。FEV、AOV 的定义见式 (5-2)、式 (5-3)。FOV 和 COV 的定义如下：

$$\mathrm{FOV}(t)=\sqrt{\frac{1}{n}\sum_{i=1}^{n}\mathrm{FOP}(i|t)} \tag{9-1}$$

$$\mathrm{COV}(t)=\frac{\sum\limits_{i=1}^{n}((\mathrm{AOP}(i|t)-\overline{\mathrm{AOP}})(\mathrm{FE}(i|t)-\overline{\mathrm{FE}}))}{n-1} \tag{9-2}$$

式中，$n$ 是样本数量。

文献 [3,4] 的研究结果表明，预测误差与风电功率值的大小有关。AOP 和 FOP 可以反映风电功率大小，因此二者可以作为与预测误差 FE 相关的因素。AOV 和 FOV 揭示了风力的波动水平，AOV 和 FOV 的值越大，意味着波动水平越高，风电预测误差变大的可能性越大。FEV 揭示了预测误差的变化，取决于风电的波动程度或所用预测方法的性能。不合理的预测技术会得到较大的 FEV。因此，FEV 也可作为与预测误差有关的因素。

FEV 和 COV 与 FE 的变化趋势如图 9-1 所示，其数据源来自 ELIA 公司网站。

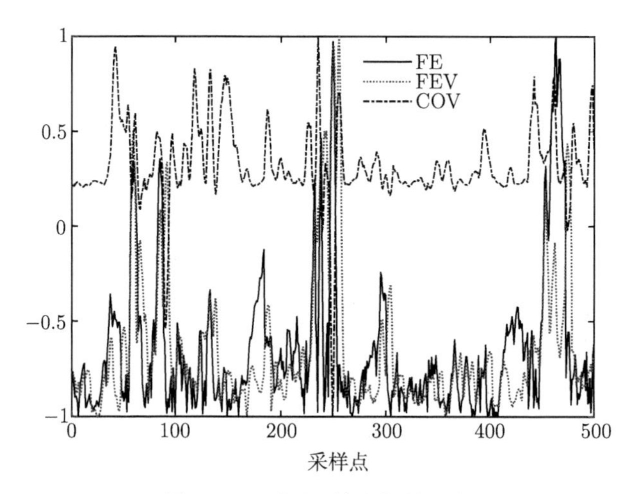


图 9-1　预测误差和相关因素

为了进一步分析，采用皮尔逊相关系数衡量预测误差与这几个参数的关联程度。皮尔逊相关系数的定义为

$$\rho_{X,Y}=\frac{\mathrm{COV}(X,Y)}{\rho_X\rho_Y} \tag{9-3}$$

式中，$X$ 和 $Y$ 分别为 FE 和其他 6 个参数；$\rho_X$ 是 $X$ 的标准偏差。表 9-1 列出了 FE 和其他 6 个参数的皮尔逊相关系数。表 9-1 中的数据来源于 2016 年 7~12 月 ELIA 公司的数据库集。

**表 9-1　预测误差和其他影响因素的相关系数**

| 月份 | AOP | FOP | FEV | AOV | FOV | COV |
|---|---|---|---|---|---|---|
| 7 月 | 0.3501 | 0.4963 | 0.4692 | 0.2879 | 0.0126 | 0.1191 |
| 8 月 | 0.1170 | 0.2873 | 0.4173 | 0.4125 | 0.3992 | 0.2068 |
| 9 月 | 0.2650 | 0.2001 | 0.6466 | 0.4894 | 0.3386 | 0.2421 |
| 10 月 | 0.4591 | 0.3258 | 0.5852 | 0.5308 | 0.2409 | 0.2579 |
| 11 月 | 0.1666 | 0.5803 | 0.6082 | 0.5732 | 0.3279 | 0.1460 |
| 12 月 | 0.0267 | 0.4494 | 0.6440 | 0.6911 | 0.1794 | 0.2953 |

图 9-1 表明 FEV 和 FE 具有相同的变化趋势，这意味着 FEV 与 FE 之间有着密切的联系，从表 9-1 中也可以得出相同的结论。FE 和 FEV 的相关系数在

0.4173~0.6466 的范围内，在大多数月份大于其他参数的相关系数。COV 和 FE 的相关系数最低，这意味着 COV 与 FE 的关系最弱。

不同 $n$ 和 $t$ 取值时预测误差和 6 个参数的相关系数如图 9-2 所示，所使用的数据集与图 9-1 相同。从图 9-2 可以看出，$n$ 和 $t$ 的取值对相关系数有着显著的影响。根据图 9-2 的结果，本书中 $n$ 的值为 20，$t$ 的值为 150。图 9-2 同样可以看出 COV 与预测误差基本不相关，因此，在下面的研究中仅考虑 AOP、FOP、FEV、AOV 和 FOV 5 个参数，不再考虑 COV。

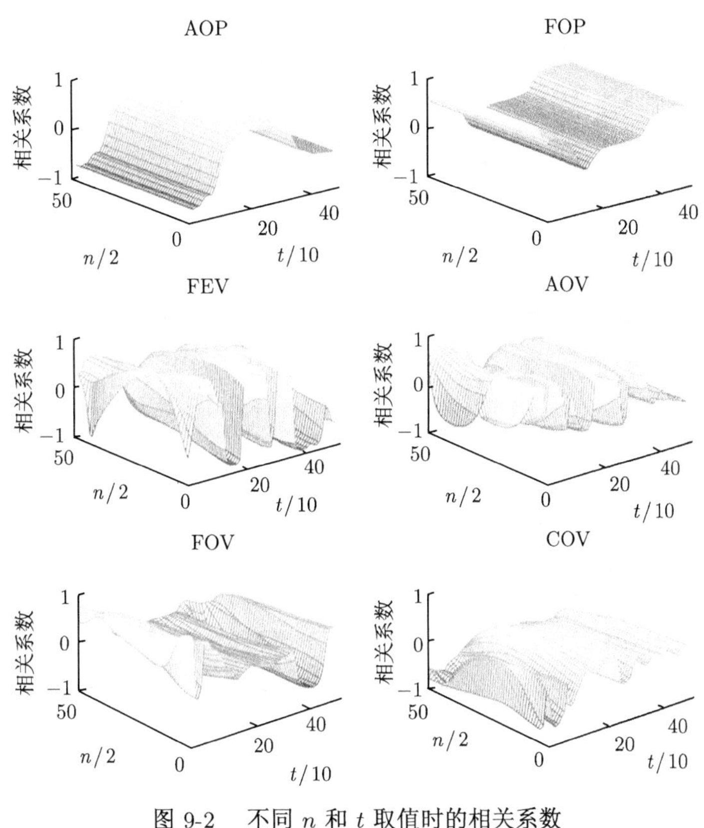


图 9-2 不同 $n$ 和 $t$ 取值时的相关系数

## 9.3 风电预测误差评估方法

### 9.3.1 基于主成分分析方法的评估参数预处理

表 9-1 结果表明 AOP、FOP、FEV、AOV 和 FOV 5 个参数虽然与预测误差有一定关联，但是关联性并不强。为了提高模型的评估精度，需要对这 5 个参数进行预处理，使其对误差更敏感。主成分分析方法 (principle component analysis，PCA)

可以将“原始”信号映射到新的多维空间，并找到信号的主要成分来减少噪声和冗余。在本章中，采用 PCA 对这些影响因素进行预处理，提取对预测误差更敏感的特征量。过程如下。

五个参数 AOP、FOP、FEV、AOV 和 FOV 组成矩阵 $\boldsymbol{X}$，如公式 (9-4) 所示：

$$\boldsymbol{X}=\begin{pmatrix} x_{11} & x_{12} & \dots & x_{1m} \\ x_{21} & x_{22} & \dots & x_{2m} \\ \vdots & \vdots & & \vdots \\ x_{n1} & x_{n2} & \dots & x_{nm} \end{pmatrix} \tag{9-4}$$

式中，$\boldsymbol{X} \in \boldsymbol{R}^{n\times m}$，可视为原始信号矩阵，是 $n$ 个 $m$ 维样本。上一节分析得到的与误差关联的参数有 5 个，因而此处 $m$ 取 5，分别为 AOP、FOP、FEV、AOV 和 FOV。$n$ 为样本数，表示样本的时间长度。

式 (9-5) 是 $\boldsymbol{X}$ 的协方差矩阵：

$$\mathrm{cov}(\boldsymbol{X})=\begin{pmatrix} \mathrm{cov}(x_{11}) & \mathrm{cov}(x_{12}) & \dots & \mathrm{cov}(x_{1m}) \\ \mathrm{cov}(x_{21}) & \mathrm{cov}(x_{22}) & \dots & \mathrm{cov}(x_{2m}) \\ \vdots & \vdots & & \vdots \\ \mathrm{cov}(x_{m1}) & \mathrm{cov}(x_{m2}) & \dots & \mathrm{cov}(x_{mm}) \end{pmatrix} \tag{9-5}$$

在 $\mathrm{cov}(\boldsymbol{X})$ 中，对角线 $\mathrm{cov}(x_{ii})$ 是每个维度本身的方差。$\mathrm{cov}(x_{ij})(i \neq j)$ 是第 $i$ 个维度和第 $j$ 个维度的协方差。由于风能的随机特性和信号中不可避免的噪声，$\boldsymbol{X}$ 很难准确表示预测误差。如果信号中噪声占比较高，则 $\mathrm{cov}(x_{ii})$ 值较大。而 $X$ 中的冗余则会增加 $\mathrm{cov}(x_{ij})$ 的值。因此，由 AOP、FOP、FEV、AOV 和 FOV 组成的协方差矩阵可以作为估计 $\boldsymbol{X}$ 中噪声和冗余的有效手段。

PCA 将矩阵映射到高维空间，得到特征值和映射矩阵。删除最小特征值和相应的特征向量，可以减少冗余维数和噪声，从而得到具有新特征值的矩阵。利用约简后的特征值和特征向量，得到新的矩阵。由于剔除了噪声和冗余，新的矩阵对于预测误差会有更高的相关性。将约简后的矩阵作为误差评估模型的输入。特征值的约简和初始矩阵的重构过程见与 PCA[5,6] 相关的参考文献，此处不再详细叙述。

利用 PCA 对误差关联参数的预处理步骤如下：

步骤 1　通过风电历史数据计算 AOP、FOP、FEV、AOV 和 FOV，组成矩阵$\boldsymbol{X}$。

步骤 2　计算 $\mathrm{cov}(\boldsymbol{X})$。如果 $\mathrm{cov}(x_{ii})$ 大于设定值，而 $\mathrm{cov}(x_{ij})$ 小于设定值，则结束。否则切换到步骤 3。

步骤 3　计算特征值 $\lambda \in R^m$, 特征向量 $\boldsymbol{P} \in \boldsymbol{R}^{m\times m}$。

步骤 4 去掉数值大小位于最后 10%的特征值及其特征向量。约简后的特征向量为 $P'$。

步骤 5 计算 $\boldsymbol{X}\cdot\boldsymbol{P}'$，获得消除噪声和冗余的矩阵 $\boldsymbol{X}'$。

### 9.3.2 基于支持向量机的预测误差评估模型

支持向量机 (support vector machine, SVM) 通常比多层感知器神经网络具有更高的分类和回归精度。SVM 的训练样本集为 $(x_i, y_i)$，其中 $x_i$ 是输入向量，为经过 PCA 约简后的矩阵 $\boldsymbol{X}'$，$y_i$ 是输出值，为预测误差 (FE) 的估计值。SVM 的基本原理见文献 [7]。利用基于支持向量机构建预测模型，使用约简后的误差关联参数矩阵 $\boldsymbol{X}'$ 实现预测误差的评估。

## 9.4 考虑风电预测误差风险的经济调度模型

目标函数定义见公式 (9-6)：

$$C=\sum_{i=1}^{n}F_i+\sum_{i=1}^{n}E_i+\sum_{i=1}^{m}W_i+\sum_{i=1}^{m}R_i \tag{9-6}$$

式中，$C$ 是总成本；$F$ 是燃料成本，取决于火电厂出力和效率；$E$ 是污染物排放治理成本，取决于燃料类型、污染物治理设备、锅炉运行条件；$W$ 是风力发电直接成本，包括安装和维护成本；$R$ 是风电预测误差带来的风险成本；$n$ 是火电厂的数量；$m$ 是风电机数量。

燃料成本函数和污染物排放治理成本函数已在第 6 章和第 7 章中给出。风电的成本分为高估和低估成本，定义见公式 (7-9)。

风险成本 $R_i$ 的定义见公式 (9-7)：

$$R_i=C_{Ri}\cdot\mathrm{RF}_i\cdot w_i \tag{9-7}$$

式中，$C_{Ri}$ 是权重，可通过 $C_{Ri}$ 调整风险对调度结果的影响；$\mathrm{RF}_i$ 是风险因子，定义见公式 (9-8)：

$$\begin{cases}\mathrm{FE}<5\%, & \mathrm{RF}=0\\ 5\%\leqslant\mathrm{FE}\leqslant15\%, & \mathrm{RF}=1\\ \mathrm{FE}>15\%, & \mathrm{RF}=2\end{cases} \tag{9-8}$$

如果误差评估模型的输出较小，即预测误差较小，说明风电的不确定性较小。因此，在这段时间内 RF 可取较小的值。当风电的不确定性较大时，预测误差较大时，RF 需取值较大。在调度模型中加入 RF，当 RF 较低时，即风电的预测误差较小时，可安排风电场按照预测值满发。如果 RF 较高时，说明此时风电的不确定性较强，会有较大的预测误差，不能按照风电场的预测值安排发电任务，需要抑制风电场出力，从而降低风能不确定性对电网的冲击。

## 9.5 算例分析

### 9.5.1 风电场与火电厂之间的关系分析

1. 测试系统

本节构建了一个包含燃料成本、污染物排放治理成本和风力发电成本的测试系统，分析考虑 RF 前后的调度模型及计算结果。该测试系统由 6 台火电机和 1 个风电场组成，系数见表 7-3，风电场成本函数系数在表 9-2 中 [8]。

**表 9-2 风电场系数** （单位：美元/MW）

| 风电场 | $C_w$ | $C_u$ | $C_o$ |
|---|---|---|---|
| G7 | 100 | 150 | 50 |

电网负荷需求、风电场预测和实际输出功率以及风险因子见表 9-3。功率单位为 p.u.。

**表 9-3 电网负荷需求、风电场预测和实际输出功率以及风险因子**

| 时间/h | 预测值 | 实际值 | RF | 负荷需求 |
|---|---|---|---|---|
| 1 | 3.47 | 2.878 | 2 | 7.814 |
| 2 | 2.16 | 3.077 | 1 | 7.522 |
| 3 | 2.072 | 3.07 | 0 | 7.314 |
| 4 | 3.183 | 2.875 | 0 | 7.218 |
| 5 | 2.931 | 2.6 | 0 | 7.558 |
| 6 | 1.964 | 2.359 | 2 | 8.042 |
| 7 | 2.343 | 1.852 | 2 | 9.37 |
| 8 | 2.622 | 1.495 | 2 | 9.838 |
| 9 | 2.834 | 1.113 | 2 | 9.622 |
| 10 | 2.141 | 0.917 | 2 | 9.47 |
| 11 | 1.387 | 0.961 | 2 | 8.944 |
| 12 | 1.867 | 1.493 | 1 | 8.7 |
| 13 | 2.535 | 1.672 | 2 | 8.024 |
| 14 | 1.48 | 2.139 | 1 | 7.868 |
| 15 | 3.821 | 2.582 | 2 | 7.952 |
| 16 | 3.092 | 2.814 | 1 | 8.16 |
| 17 | 2.517 | 3.123 | 0 | 8.65 |

续表

| 时间/h | 预测值 | 实际值 | RF | 负荷需求 |
|---|---|---|---|---|
| 18 | 2.354 | 2.596 | 0 | 9.44 |
| 19 | 2.385 | 2.025 | 1 | 9.69 |
| 20 | 1.152 | 1.476 | 2 | 10.2 |
| 21 | 1.456 | 1.029 | 2 | 9.622 |
| 22 | 0.879 | 0.771 | 2 | 9.058 |
| 23 | 0.849 | 0.696 | 2 | 9.184 |
| 24 | 0.338 | 0.694 | 0 | 8.552 |

本章利用 864 组数据计算得到 RF，数据来自 ELIA 网站 2016 年 2 月 1 日至 3 月 6 日每小时风电功率的实际值和预测值 [1]。第一步，根据前 840 组数据计算 AOP、FOP、FEV、AOV 和 FOV，组成误差关联参数矩阵。第二步，利用 PCA 约简参数矩阵。第三步，采用 SVM 构建误差估计模型，用前 840 组数据作为训练样本，利用最后 24 组数据来计算 2016 年 3 月 7 日每小时的误差评估值 FE。第四步，利用式 (9-8) 计算每小时的风险因子 RF，具体值列于表 9-3。

2. *不考虑* RF

若调度模型的目标函数仅包括火电厂燃料成本和风力发电的直接成本，不考虑风电预测误差风险，则调度结果如表 9-4 所示。

**表 9-4 不考虑 RF 的经济调度结果 (p.u.)**

| 时间/h | G1 | G2 | G3 | G4 | G5 | G6 | G7 | 成本/美元 |
|---|---|---|---|---|---|---|---|---|
| 1 | 0.060 | 0.050 | 0.546 | 0.569 | 0.999 | 0.481 | 3.155 | 760.4 |
| 2 | 0.475 | 0.326 | 0.571 | 0.522 | 1.000 | 0.599 | 2.148 | 806.7 |
| 3 | 0.466 | 0.345 | 0.683 | 0.718 | 0.819 | 0.402 | 2.052 | 811.2 |
| 4 | 0.098 | 0.427 | 0.050 | 0.777 | 0.634 | 0.445 | 2.982 | 721.1 |
| 5 | 0.425 | 0.050 | 0.050 | 0.754 | 0.998 | 0.480 | 2.912 | 729.0 |
| 6 | 0.055 | 0.600 | 0.966 | 0.861 | 0.986 | 0.600 | 1.963 | 908.7 |
| 7 | 0.499 | 0.446 | 1.000 | 1.199 | 0.960 | 0.591 | 2.332 | 1098.1 |
| 8 | 0.500 | 0.297 | 0.999 | 1.108 | 0.923 | 0.595 | 2.585 | 1066.3 |
| 9 | 0.115 | 0.600 | 1.000 | 1.200 | 1.000 | 0.512 | 2.789 | 1079.3 |
| 10 | 0.500 | 0.593 | 0.995 | 1.198 | 1.000 | 0.600 | 2.117 | 1122.1 |
| 11 | 0.446 | 0.600 | 0.993 | 1.200 | 0.999 | 0.585 | 1.385 | 1030.0 |
| 12 | 0.486 | 0.527 | 1.000 | 1.072 | 0.979 | 0.600 | 1.860 | 1041.4 |
| 13 | 0.134 | 0.352 | 0.588 | 0.876 | 0.971 | 0.599 | 2.499 | 827.4 |
| 14 | 0.500 | 0.600 | 1.000 | 0.742 | 1.000 | 0.579 | 1.480 | 956.9 |
| 15 | 0.050 | 0.588 | 0.050 | 0.133 | 0.927 | 0.444 | 3.771 | 739.8 |
| 16 | 0.235 | 0.598 | 0.209 | 0.454 | 0.998 | 0.599 | 3.026 | 818.5 |

续表

| 时间/h | G1 | G2 | G3 | G4 | G5 | G6 | G7 | 成本/美元 |
|---|---|---|---|---|---|---|---|---|
| 17 | 0.143 | 0.282 | 0.858 | 1.100 | 0.999 | 0.593 | 2.511 | 926.8 |
| 18 | 0.497 | 0.548 | 0.997 | 1.189 | 0.903 | 0.600 | 2.346 | 1119.6 |
| 19 | 0.500 | 0.583 | 1.000 | 1.200 | 1.000 | 0.600 | 2.385 | 1145.3 |
| 20 | 0.428 | 0.513 | 1.000 | 1.199 | 1.000 | 0.600 | 1.150 | 981.1 |
| 21 | 0.500 | 0.050 | 0.975 | 0.646 | 0.996 | 0.595 | 1.455 | 807.4 |
| 22 | 0.330 | 0.473 | 0.688 | 0.889 | 1.000 | 0.539 | 0.875 | 758.3 |
| 23 | 0.418 | 0.465 | 0.925 | 0.856 | 0.858 | 0.523 | 0.843 | 813.8 |
| 24 | 0.500 | 0.367 | 0.737 | 0.876 | 1.000 | 0.600 | 0.334 | 745.2 |

风电场调度安排输出与其预测值的比率 (dispatch result/forecast power, D/F) 如表 9-5 所示。

**表 9-5　风电场输出功率实际值与其预测值、实际值与电网负荷需求的比率**

| 时间/h | D/F | 时间/h | D/F | 时间/h | D/F |
|---|---|---|---|---|---|
| 1 | 95.5% | 9 | 98.7% | 17 | 98.0% |
| 2 | 98.1% | 10 | 99.5% | 18 | 100% |
| 3 | 98.7% | 11 | 99.9% | 19 | 99.6% |
| 4 | 99.8% | 12 | 100% | 20 | 99.9% |
| 5 | 99.9% | 13 | 99.9% | 21 | 100% |
| 6 | 99.9% | 14 | 99.9% | 22 | 99.6% |
| 7 | 99.6% | 15 | 94.0% | 23 | 99.9% |
| 8 | 99.1% | 16 | 99.8% | 24 | 95.4% |

表 9-5 中，D/F 在 94.0%~100%之间变化，这表明几乎所有的风电场都按照预测值安排实际出力，也就是基本预测风能都被利用了。这是因为风力发电的直接成本很低，因此在调度模型中如果仅考虑风力发电直接成本时，风电因为价廉而基本被电网全盘接收。

3. *考虑* RF

调度模型的目标函数中不但包括火电厂燃料成本和风力发电的直接成本，还考虑风险 RF，则调度结果如表 9-6 所示。表 9-7 列出了风电调度安排输出与其预测值的比率。

在 3:00~5:00 之间，RF 较小，意味着因风电误差导致的风险较小，在该时间段内风能可以被充分利用，所以这 3 h 的 D/F 均接近 100%。在 6:00~10:00 之间，RF 很大，风电预测误差的风险较大，此时要抑制风电并入，以降低风电预测出现较大误差时给电网带来的冲击，所以这 5 h 的 D/F 均较小。在 11:00~12:00 时，RF 很大，但是电网的负荷需求也很高，因而风电场必须在高风险状态下承担较大的发电

表 9-6 考虑 RF 每个小时的经济调度结果 (p.u.)

| 时间/h | G1 | G2 | G3 | G4 | G5 | G6 | G7 | 成本/美元 |
|---|---|---|---|---|---|---|---|---|
| 1 | 0.113 | 0.371 | 0.853 | 1.019 | 0.996 | 0.549 | 0.160 | 1071.8 |
| 2 | 0.059 | 0.248 | 0.389 | 0.820 | 1.000 | 0.598 | 1.329 | 963.5 |
| 3 | 0.387 | 0.361 | 0.113 | 0.981 | 0.887 | 0.300 | 2.056 | 713.4 |
| 4 | 0.370 | 0.050 | 0.078 | 0.217 | 0.976 | 0.458 | 3.165 | 653.3 |
| 5 | 0.061 | 0.124 | 0.479 | 0.765 | 0.993 | 0.332 | 2.914 | 714.5 |
| 6 | 0.500 | 0.600 | 1.000 | 1.200 | 1.000 | 0.600 | 1.131 | 1560.7 |
| 7 | 0.500 | 0.600 | 1.000 | 1.200 | 1.000 | 0.600 | 1.327 | 1677.0 |
| 8 | 0.500 | 0.600 | 1.000 | 1.200 | 1.000 | 0.600 | 1.408 | 1737.3 |
| 9 | 0.500 | 0.600 | 1.000 | 1.200 | 1.000 | 0.600 | 1.516 | 1801.7 |
| 10 | 0.500 | 0.600 | 1.000 | 1.200 | 1.000 | 0.600 | 1.602 | 1766.8 |
| 11 | 0.500 | 0.600 | 1.000 | 1.200 | 1.000 | 0.600 | 1.358 | 1593.6 |
| 12 | 0.485 | 0.335 | 0.932 | 1.124 | 1.000 | 0.600 | 1.850 | 1358.5 |
| 13 | 0.500 | 0.600 | 1.000 | 1.200 | 1.000 | 0.600 | 1.118 | 1612.4 |
| 14 | 0.166 | 0.571 | 0.394 | 1.090 | 1.000 | 0.599 | 1.480 | 1089.5 |
| 15 | 0.454 | 0.580 | 0.999 | 1.200 | 1.000 | 0.600 | 0.632 | 1526.8 |
| 16 | 0.080 | 0.272 | 0.449 | 0.955 | 1.000 | 0.595 | 2.770 | 1394.7 |
| 17 | 0.291 | 0.600 | 0.641 | 0.686 | 1.000 | 0.560 | 2.509 | 900.5 |
| 18 | 0.222 | 0.309 | 0.715 | 1.173 | 0.995 | 0.530 | 2.335 | 906.3 |
| 19 | 0.154 | 0.300 | 0.725 | 1.155 | 1.000 | 0.600 | 2.335 | 1368.3 |
| 20 | 0.500 | 0.600 | 1.000 | 1.200 | 1.000 | 0.600 | 0.990 | 1422.9 |
| 21 | 0.500 | 0.600 | 1.000 | 1.200 | 1.000 | 0.600 | 0.316 | 1183.9 |
| 22 | 0.499 | 0.595 | 0.931 | 1.166 | 1.000 | 0.600 | 0.002 | 972.9 |
| 23 | 0.357 | 0.507 | 0.618 | 0.801 | 0.999 | 0.599 | 0.007 | 750.9 |
| 24 | 0.500 | 0.210 | 0.300 | 0.607 | 1.000 | 0.463 | 0.334 | 539.8 |

表 9-7 考虑 RF 的风电输出实际值与预测值的比率

| 时间/h | RF | D/F | 时间/h | RF | D/F |
|---|---|---|---|---|---|
| 1 | 2 | 4.6% | 13 | 2 | 44.1% |
| 2 | 1 | 61.5% | 14 | 1 | 100.0% |
| 3 | 0 | 99.3% | 15 | 2 | 16.5% |
| 4 | 0 | 99.4% | 16 | 1 | 89.6% |
| 5 | 0 | 99.4% | 17 | 0 | 99.7% |
| 6 | 2 | 57.6% | 18 | 0 | 99.2% |
| 7 | 2 | 56.6% | 19 | 1 | 97.9% |
| 8 | 2 | 53.7% | 20 | 2 | 85.9% |
| 9 | 2 | 53.5% | 21 | 2 | 21.7% |
| 10 | 2 | 74.8% | 22 | 2 | 0.2% |
| 11 | 2 | 97.9% | 23 | 2 | 0.9% |
| 12 | 1 | 99.1% | 24 | 0 | 98.7% |

量以满足发用电平衡。由于风电的高度不确定性，较高的 RF 意味着较大的风电预测误差，较低的 RF 意味着风能稳定且预测精度高。在考虑 RF 的调度模型中，电网可以在风电场输出风力稳定的情况下尽量按照预测值安排满发，减少发电总成本。在风电不确定性强的时候，风电场输出被抑制，减少风电预测误差对电网平衡的风险。

### 9.5.2　风电场之间的关系分析

本节建立了一个由 3 个火电厂和 3 个风电场组成的电网。这 3 个火电厂的参数与表 7-3 中的前 3 个发电机相同。表 9-8 中列出了 3 个风电场 G7、G8 和 G9 的 RF 和预测值。

**表 9-8　G7、G8 和 G9 预测输出功率以及风险因子**

| 时间/h | RF | | | 预测值 | | |
|---|---|---|---|---|---|---|
| | G7 | G8 | G9 | G7 | G8 | G9 |
| 1 | 1 | 2 | 0 | 0.226 | 0.334 | 0.081 |
| 2 | 2 | 2 | 1 | 0.270 | 0.326 | 0.099 |
| 3 | 2 | 2 | 1 | 0.321 | 0.312 | 0.113 |
| 4 | 1 | 1 | 1 | 0.373 | 0.284 | 0.128 |
| 5 | 0 | 0 | 1 | 0.416 | 0.261 | 0.189 |
| 6 | 0 | 0 | 1 | 0.440 | 0.257 | 0.251 |
| 7 | 0 | 0 | 1 | 0.445 | 0.254 | 0.315 |
| 8 | 0 | 0 | 1 | 0.451 | 0.261 | 0.339 |
| 9 | 1 | 1 | 0 | 0.452 | 0.279 | 0.378 |
| 10 | 1 | 1 | 1 | 0.461 | 0.299 | 0.418 |
| 11 | 1 | 1 | 0 | 0.459 | 0.327 | 0.431 |
| 12 | 2 | 2 | 0 | 0.456 | 0.357 | 0.426 |
| 13 | 2 | 2 | 0 | 0.461 | 0.373 | 0.411 |
| 14 | 2 | 2 | 0 | 0.473 | 0.394 | 0.346 |
| 15 | 2 | 2 | 1 | 0.473 | 0.408 | 0.323 |
| 16 | 1 | 1 | 2 | 0.466 | 0.408 | 0.302 |
| 17 | 2 | 1 | 0 | 0.461 | 0.403 | 0.257 |
| 18 | 2 | 2 | 0 | 0.447 | 0.401 | 0.231 |
| 19 | 2 | 2 | 1 | 0.424 | 0.391 | 0.235 |
| 20 | 0 | 0 | 1 | 0.399 | 0.342 | 0.236 |
| 21 | 1 | 1 | 1 | 0.391 | 0.300 | 0.234 |
| 22 | 1 | 1 | 0 | 0.407 | 0.269 | 0.236 |
| 23 | 1 | 1 | 0 | 0.419 | 0.240 | 0.239 |
| 24 | 1 | 1 | 1 | 0.437 | 0.203 | 0.242 |

根据表 9-8 中的数据，可以计算出考虑风险 RF 前后网内 6 个电厂的实际输

出功率。考虑 RF 前后，3 个风电场的调度值与预测值的比值见表 9-9。

**表 9-9 风电场调度值与预测值比值**

| 时间/h | D/F (不考虑 RF) | | | D/F (考虑 RF) | | |
|---|---|---|---|---|---|---|
| | G7 | G8 | G9 | G7 | G8 | G9 |
| 1 | 93.7% | 98.3% | 100.0% | 99.4% | 52.4% | 77.3% |
| 2 | 79.5% | 98.4% | 75.3% | 54.4% | 49.8% | 99.0% |
| 3 | 98.5% | 94.3% | 99.9% | 65.4% | 60.4% | 99.4% |
| 4 | 97.7% | 74.2% | 93.9% | 85.9% | 98.0% | 76.4% |
| 5 | 99.2% | 67.5% | 99.8% | 99.9% | 81.9% | 87.8% |
| 6 | 72.9% | 86.7% | 98.9% | 94.1% | 96.7% | 66.3% |
| 7 | 95.0% | 93.3% | 94.6% | 88.4% | 98.6% | 84.4% |
| 8 | 97.7% | 88.4% | 80.4% | 96.6% | 99.4% | 63.3% |
| 9 | 99.6% | 97.4% | 78.7% | 57.1% | 94.9% | 99.9% |
| 10 | 98.3% | 83.0% | 88.7% | 99.1% | 77.2% | 97.2% |
| 11 | 99.2% | 98.0% | 76.3% | 79.1% | 97.4% | 97.8% |
| 12 | 93.1% | 86.9% | 97.0% | 66.8% | 28.4% | 99.5% |
| 13 | 79.0% | 93.8% | 95.7% | 46.4% | 64.8% | 99.7% |
| 14 | 95.6% | 99.1% | 82.7% | 54.3% | 50.2% | 99.5% |
| 15 | 79.1% | 97.3% | 68.9% | 43.7% | 67.8% | 95.9% |
| 16 | 90.4% | 93.9% | 94.5% | 94.4% | 74.3% | 49.7% |
| 17 | 91.7% | 97.0% | 90.1% | 82.5% | 89.8% | 95.7% |
| 18 | 99.0% | 94.3% | 93.0% | 59.5% | 61.8% | 99.8% |
| 19 | 93.0% | 99.4% | 66.4% | 57.2% | 88.8% | 98.6% |
| 20 | 89.8% | 98.9% | 92.5% | 97.7% | 99.9% | 73.4% |
| 21 | 97.4% | 90.5% | 76.2% | 72.6% | 98.2% | 99.9% |
| 22 | 96.4% | 99.7% | 83.8% | 88.6% | 84.6% | 99.5% |
| 23 | 87.2% | 97.6% | 93.3% | 71.9% | 90.1% | 98.3% |
| 24 | 98.6% | 98.6% | 70.8% | 95.7% | 97.5% | 51.7% |

在调度模型中未考虑 RF 时，由于风电成本低，进入电网的各个风电场的发电比例接近 100%。当调度模型中考虑 RF 时，不同的风电场输出功率会因 RF 不同而不同。例如，在 2:00，风电场 G7 的 RF 为 2，风电满发的比例由 79.5%降至 54.4%。而此时刻 G9 的 RF 为 0，因此该风电场的满发比例从 75.3%增加至 99.0%。当多个风电场接入电网时，根据风电场预测误差风险评估结果，使不确定性小的风电场尽量按照预测值满发，促进风电消纳；抑制不确定性强的风电场的出力，减小电网运行风险。

## 9.6 本章小结

本章提出了一种考虑风电预测误差风险的优化调度模型。通过分析风电预测误差得到 AOP、FOP、FEV、AOV 和 FOV 5 个参数与预测误差关联较强，利用 PCA 对这 5 个参数组成的误差关联矩阵进行特征值提取，得到修正后的误差关联矩阵，并将其作为输入构建预测误差评估模型，根据评估模型的输出定义预测误差风险因子 RF，并将其引入电网经济调度模型中。算例分析结果表明，考虑 RF 后，电网可根据风电预测误差风险，调整电网内火电厂和风电场发电计划，兼顾风电消纳和电网安全 [9]。

### 参考文献


[1] Elia. Wind power generation data. http://www.elia.be/en/grid-data/power-generation/wind-power, [2020-06-06].

[2] National Renewable Energy Laboratory. Wind Integration Data Sets. https://www.nrel.gov/grid/wind-integration-data.html,[2020-06-06].

[3] 张凯锋, 杨国强, 陈汉一, 等. 基于数据特征提取的风电功率预测误差估计方法. 电力系统自动化, 2014, 38(16): 22-28.

[4] Haghi H V, Lotfifard S, Qu Z H. Multivariate predictive analytics of wind power data for robust control of energy storage. IEEE Transactions on Industrial Informatics, 2016, 12(4): 1350-1360.

[5] Charles C D, Donald J J. Principal component analysis: A method for determining the essential dynamics of proteins. Methods in Molecular Biology, 2014, 1084: 193-226.

[6] Feng J S, Xu H, Mannor S, et al. Online PCA for contaminated data. Advances in Neural Information Processing Systems, 2013, 26: 1-9.

[7] Chen B J, Chang M W, Lin C J. Load forecasting using support vector machines: A study on EUNITE Competition 2001. IEEE Transactions Power System, 2004, 19(4): 1821-1830.

[8] Bludszuweit H, Dominguez-Navarro J A, Llombart A. Statistical analysis of wind power forecast error. IEEE Transactions Power System, 2008, 23(3): 983-991.

[9] Han L, Romero C E, Wang X S, et al. Economic dispatch considering the wind power forecast error. IET Generation, Transmission & Distribution, 2018, 12(12): 2861-2870.

# 第 10 章 考虑风电爬坡事件的电力系统协调调度

## 10.1 引 言

风电具有较强的波动性，其并入电网会给电力系统的安全稳定运行带来影响。特别是风电在短期内幅值发生大幅度波动的情况，即风电爬坡事件。因其发生的概率较小，常规的预测方法难以准确预测。一旦发生，会严重威胁电力系统的安全运行，甚至引发大规模切负荷、电网崩溃等严重后果。关于含风电的电力系统优化调度问题，国内外已有了很多研究，如概率模型 [1]、场景法 [2]、模糊理论 [3]、随机规划 [4] 等，但针对风电爬坡事件的调度方法研究较少，目前的方法大多由上述理论发展而来，主要有以下几类。一是基于预测值的随机规划模型。如文献 [5] 分析风电功率预测误差和爬坡事件对滚动调度的影响，基于机会约束混合整数规划建立了风火协调调度模型，考虑了风电爬坡约束。然而风电爬坡事件为小概率事件，不确定性参数难以用概率方法准确描述。二是构建极限场景集，建立应对最坏爬坡场景的鲁棒优化模型。如文献 [6] 提出了基于信息差距决策理论的鲁棒模型，通过构建最恶劣爬坡场景，制定了具有鲁棒性的调度方案。文献 [7] 考虑风电功率爬坡约束，建立了基于预测区间的鲁棒优化模型。这类方法能够在一定程度上描述风电爬坡事件，但依赖于预测值的准确性，否则会造成结果的较大偏离。三是基于博弈论，如文献 [8] 基于博弈论针对风电场群爬坡事件制定了非合作管理协调策略，提出一种调节收益函数来评估风电场竞争并对其管制的方法，导出了风电场调度竞争过程的多时段纳什均衡条件。进一步地，文献 [9] 考虑风电场的功率调节量和维持电力输出的能力，提出了贡献函数和评估工具的贡献指数。结果表明，风电场之间的竞争可以降低控制误差，选择有效的调节策略可获得较大的贡献指数。但仅依靠对风电场之间的协调调节应对风电爬坡事件是不够的。且上述方法仅依靠机组进行调节，在机组到达调节能力上限时，会不可避免地产生弃风和切负荷。四是协调储能系统参与协调调度。如文献 [10] 提出一种基于爬坡预测和储能系统 (energy storage system, ESS) 的风电功率爬坡控制方法，并采用情景切换调整对优化模型进行修正，以降低 ESS 的容量需求，减少弃风。文献 [11] 基于不同响应时间发电单元之间的协调原理，提出了考虑风电机组、储能系统、可中断负荷和切负荷的优化调度问题，能够在高峰负荷时段应对风电快速爬坡事件。然而，这些调整措施均依赖于对风电功率爬坡的准确预测，若调节不当会造成大量弃风和切负荷。

为应对风电爬坡事件对电力系统的影响，本章提出一种针对风电爬坡事件的协调策略和调度方法。根据“提前补偿法”利用储能系统提前进行补偿，降低风电爬坡时的速率，同时降低了对储能功率和容量的需求，节省了储能配置和使用成本。基于上述协调策略，建立了考虑风电爬坡事件的火/储调度模型，提前协调机组，使机组在爬坡时有足够的可调备用容量，通过对不同风电爬坡条件的判断协调机组和储能，实现更经济和安全的爬坡调度方案。

## 10.2　考虑风电爬坡事件的火/储协调策略

### 10.2.1　风电爬坡事件分析

风电爬坡事件分为上爬坡和下爬坡，风电上爬坡时，当机组的调节速度无法跟随风电爬坡速度时，必须采取弃风措施确保电力系统运行安全；同理，风电下爬坡时，需采取必要的切负荷措施。目前，对风电爬坡事件的表示模型尚未统一，文献 [12] 给出了几种常见的风电爬坡事件的表示方法。本章将风电功率表示为 $w^{\mathrm{a}}$，$\Delta t$ 为风电功率采样分辨率，也是调度单时段持续时间。设风电爬坡事件的开始时间为 $t_0$，持续 $n^{\mathrm{r}}$ 个时段，持续时间为 $\Delta T = n^{\mathrm{r}} \times \Delta t$，幅值变化为 $\Delta W$。以上爬坡为例，风电爬坡事件的简图如图 10-1 所示。

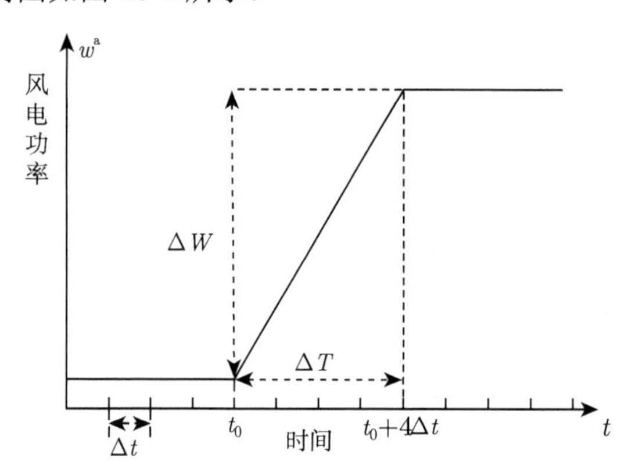


图 10-1　风电上爬坡事件简图

图 10-1 中，斜线段表明风电正在上爬坡，在 $t_0$ 时刻发生上爬坡事件，假设爬坡持续 $n^{\mathrm{r}}=4$ 个时段，持续时间为 $\Delta T=4\times\Delta t$。

本章将时段 $(t,\ t+\Delta t)$ 内首末时刻风电功率之差定义为 $t$ 时段风电爬坡时的爬坡率 $\Delta w_t$，如式 (10-1) 所示：

$$\Delta w_t = w^{\mathrm{a}}_{t+\Delta t} - w^{\mathrm{a}}_t \tag{10-1}$$

若 $t$ 时刻的爬坡率 $\Delta w_t$ 大于给定阈值 $w^{\mathrm{threshold}}$，则认为风电在 $t$ 时段处于爬

坡状态，即

$$|\Delta w_t| > w^{\text{threshold}} \tag{10-2}$$

### 10.2.2 应对风电爬坡事件的火/储协调策略及分析

据文献 [13] 的统计研究，约 95%以上的风电爬坡事件持续时间低于 4.04 h。国家能源局文件规定风电场每 15 min 上报接下来一共 16 个点的预测曲线 [14]，因此风电场每 15min 的预测曲线可以覆盖绝大多数的爬坡事件。但当预测时刻与当前时刻距离较长时，两者中间的关联变弱，预测难度变大，现有的预测方法很难实现一次预测出 16 个点，因而难以预测爬坡事件。这可能致使某些机组在风电爬坡期间处于满载或最小技术出力，即无法提供上调或下调的爬坡备用，致使机组调节能力下降，应对风电爬坡事件的能力降低。本书第 3 章提出的深度学习网络 VMD-LSTM 可以建立较长时间间隔的时间序列之间的关联，使爬坡预测成为可能，这为提前协调各机组应对风电爬坡事件提供了可能。

本章通过提前协调各机组使其能够在爬坡时段提供的最大爬坡率为 $\Delta g$。当预测到风电爬坡事件时，首先要判断风电在爬坡时段各时刻的爬坡率 $\Delta w$ 是否大于机组系统的最大爬坡率 $\Delta g$。若判定条件 $\Delta w < \Delta g$，则通过合理分配爬坡事件发生之前时段各机组的出力，使其在风电发生爬坡期间有充足的爬坡备用，并使所有时段机组发电的总成本最小。若判定条件 $\Delta w > \Delta g$，此时已无法通过机组的协同调节应对风电爬坡，为保证供电安全，避免切负荷现象，常规的做法是采取弃风手段，降低风电爬坡率，如图 10-2 所示。

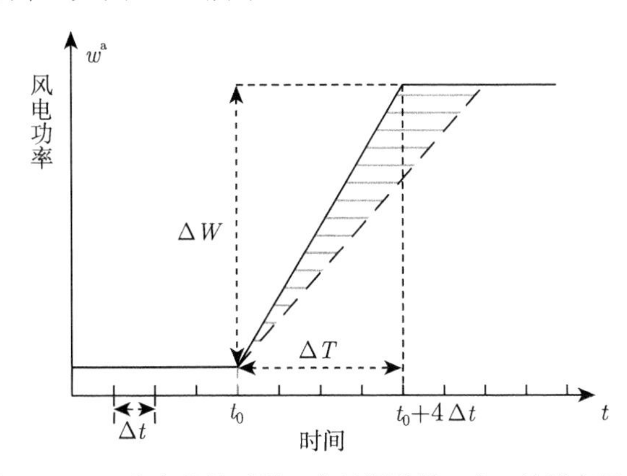


图 10-2 风电上爬坡时的“弃风调节法”和“补偿弃风法”

与图 10-1 中的爬坡事件相同，图 10-2 中斜直线段表示风电正在上爬坡，假设斜虚线段为机组在各时刻可提供的最大下爬坡备用，并已达到其最大爬坡率，则横线阴影部分为必须采取弃风的功率。弃风时段为 $t_0$ 到 $t_0+\Delta T+m\Delta t$，弃风调节滞后风电爬坡结束时间 $m\Delta t$。图 10-2 中以 $m$=2 为例简要说明，当风电的爬坡率不同时，需要的调节时间也不同。同理，应对下爬坡事件时需提前 $m\Delta t$ 采取弃风，故此时的提前预测显得更加重要，若无法确定准确的弃风量，则仍会发生切负荷现象，而且这种传统的调节方法会造成大量的风力资源浪费。本章称这种采用弃风的调节方法为 “弃风调节法”。

为减少弃风现象，加入储能系统进行协调调度，在风电上爬坡需要弃风时进行充电，图 10-2 中需要弃风的部分即为需要充电的功率。同理，在风电下爬坡时提供放电。本章称这种采用储能系统补偿弃风功率的方法为 “补偿弃风法”，这样弃风现象可以得到很大改善。但是，单位容量的储能系统配置和使用成本较高，而这种方法又需要配置较大容量的储能系统才能确保安全，尤其是当风电爬坡持续较长时间时，储能长时间处于充电或放电某一种状态，易导致深度充放电，缩减储能使用寿命。因此，本章采取 “提前补偿法”，可降低对储能容量的需要，原理如图 10-3 所示。

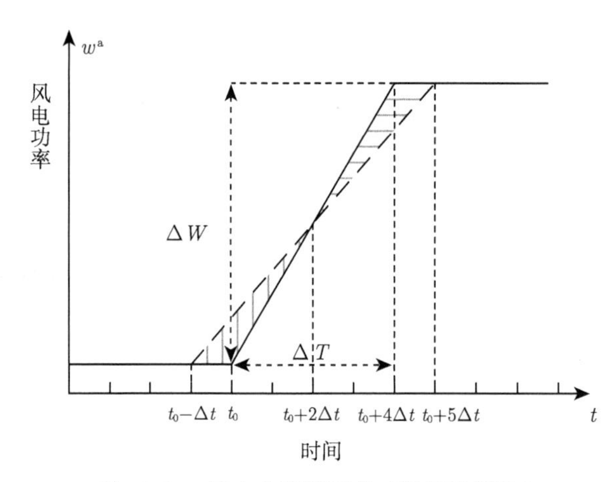


图 10-3　风电上爬坡时的 “提前补偿法”

由图 10-3 所示，当发生风电上爬坡事件时，在时段 $(t_0-\Delta t, t_0+2\Delta t)$ 内，提前风电爬坡开始时间 $\Delta t$ 使机组下爬坡，降低其输出功率，使其以最大爬坡率调节，此时段内由储能系统放电补足功率差额；在时段 $(t_0+2\Delta t, t_0+5\Delta t)$ 内，机组一直处于以最大爬坡率的下爬坡状态，并在 $t_0+5\Delta t$ 时停止爬坡调节，即滞后风电爬坡结束时间 $\Delta t$ 使机组停止爬坡，此时段内由储能系统充电补足功率差额。风电发生下爬坡事件的调节方法与此类似，但调节方向相反。与图 10-2 相比，此调节方法对储能容量的需求最大可降低 50%(图 10-3 恰好降低 50%)。且当发生风电下爬坡时，需要提前调节的时间由图 10-2 中的 $2\Delta t$ 减少至 $\Delta t$，即对预测的精度需求有所降低。图 10-1～ 图 10-3 是结合风电上爬坡对本章的调节方法作出说明，在具体调节中，提前和滞后的调节时间需根据风电的具体爬坡率优化调整。

## 10.3 考虑风电爬坡事件的火/储调度模型

以 VMD-LSTM 神经网络得到的风电功率预测值为基础，结合上述协调策略，建立考虑风电爬坡事件的火/储协调调度模型。

### 10.3.1 目标函数

考虑机组煤耗成本和储能使用成本，以所有调度时段总成本最小为目标，

$$\min F = \min\left(C^{\mathrm{G}} + C^{\mathrm{B}} + C^{\mathrm{WC}} + C^{\mathrm{LS}}\right) \tag{10-3}$$

$$\begin{cases} C^{\mathrm{G}} = \sum_{t=1}^{T}\sum_{n=1}^{N}\left(a_n P_{n,t}^2 + b_n P_{n,t} + c_n\right) \\ C^{\mathrm{B}} = k^{\mathrm{B}}\sum_{t=1}^{T}\left(P_t^{\mathrm{B,ch}} + P_t^{\mathrm{B,dc}}\right) \\ C^{\mathrm{WC}} = k^{\mathrm{WC}}\sum_{t=1}^{T}P_t^{\mathrm{WC}} \\ C^{\mathrm{LS}} = k^{\mathrm{LS}}\sum_{t=1}^{T}P_t^{\mathrm{LS}} \end{cases} \tag{10-4}$$

式中，$C^{\mathrm{G}}$、$C^{\mathrm{B}}$、$C^{\mathrm{WC}}$、$C^{\mathrm{LS}}$ 为机组煤耗成本、储能运行成本、弃风成本和切负荷成本；$T$ 为调度总时间；$N$ 为火电机组总数；$a$、$b$、$c$ 为机组燃料成本系数；$P_{n,t}$ 为机组 $n$ 在时段 $t$ 的出力；$P_t^{\mathrm{B,ch}}$、$P_t^{\mathrm{B,dc}}$ 为储能在时段 $t$ 的充、放电功率；$k^{\mathrm{B}}$ 为储能单位容量的使用成本系数；$P^{\mathrm{WC}}$、$k^{\mathrm{WC}}$ 为弃风功率和单位弃风功率惩罚系数；$P^{\mathrm{LS}}$、$k^{\mathrm{LS}}$ 为切负荷功率和单位切负荷功率惩罚系数。

### 10.3.2 约束条件

1) 机组和储能出力约束

$$\begin{cases} P_n^{\min} \leqslant P_n \leqslant P_n^{\max} \\ 0 \leqslant P^{\mathrm{B,ch}}, P^{\mathrm{B,dc}} \leqslant P^{\mathrm{B,\,max}} \end{cases} \tag{10-5}$$

式中，$P_n^{\max}$、$P_n^{\min}$ 为机组 $n$ 最大、最小技术出力；$P^{\mathrm{B,max}}$ 为储能最大充放电功率。

2) 功率平衡约束

$$\begin{cases} \sum_{n=1}^{N} P_{n,t} + w_t^{\mathrm{f}} - P_t^{\mathrm{B,ch}} + P_t^{\mathrm{B,dc}} - P_t^{\mathrm{WC}} = L_t^{\mathrm{f}} - P_t^{\mathrm{LS}} \\ P_t^{\mathrm{WC}} \geqslant 0, P_t^{\mathrm{LS}} \geqslant 0 \end{cases} \tag{10-6}$$

式中，$w^{\mathrm{f}}$、$L^{\mathrm{f}}$ 为风电和负荷预测值，本章用风电功率预测值 $w^{\mathrm{f}}$ 代替 10.2 节中的 $w^{\mathrm{a}}$ 作为调节策略制定的依据。

3) 机组爬坡约束

$$\begin{cases} P_{n,t} - P_{n,t-1} \leqslant \mathrm{UR}_n \cdot \Delta t \\ P_{n,t-1} - P_{n,t} \leqslant \mathrm{DR}_n \cdot \Delta t \end{cases} \tag{10-7}$$

式中，$\mathrm{UR}_n$、$\mathrm{DR}_n$ 为机组 $n$ 单位时间的上、下爬坡率；$\Delta t$ 为调度单时段持续时间。

4) 旋转备用约束

$$\begin{cases} \Delta g_{n,t}^{\mathrm{u}} = \min\left(P_n^{\max} - P_{n,t}, \mathrm{UR}_n \cdot \Delta t\right) \\ \Delta g_{n,t}^{\mathrm{d}} = \min\left(P_{n,t} - P_n^{\min}, \mathrm{DR}_n \cdot \Delta t\right) \end{cases} \tag{10-8}$$

式中，$\Delta g_{n,t}^{\mathrm{u}}$、$\Delta g_{n,t}^{\mathrm{d}}$ 为机组 $n$ 在时段 $t$ 可提供的上调和下调旋转备用。

5) 储能容量约束

$$\begin{cases} E^{\mathrm{B,\,min}} \leqslant E_t^{\mathrm{B}} \leqslant E^{\mathrm{B,\,max}} \\ E_{t+1}^{\mathrm{B}} = E_t^{\mathrm{B}} + \eta^{\mathrm{B,ch}} \cdot P_t^{\mathrm{B,ch}} \Delta t - 1/\eta^{\mathrm{B,dc}} \cdot P_t^{\mathrm{B,dc}} \Delta t \end{cases} \tag{10-9}$$

式中，$E_t^{\mathrm{B}}$、$E_t^{\mathrm{B,max}}$、$E_t^{\mathrm{B,min}}$ 为储能在 $t$ 时刻剩余容量、最大和最小可用容量；$\eta^{\mathrm{B,ch}}$、$\eta^{\mathrm{B,dc}}$ 为储能充、放电效率。

6) 爬坡对策判断条件

$$\begin{cases} \Delta g_t^{\mathrm{u}} = \sum_{n=1}^{N} \Delta g_{n,t}^{\mathrm{u}} \geqslant \Delta w_t^{\mathrm{d}} + \Delta L_t^{\mathrm{u}} \\ \Delta g_t^{\mathrm{d}} = \sum_{n=1}^{N} \Delta g_{n,t}^{\mathrm{d}} \geqslant \Delta w_t^{\mathrm{u}} + \Delta L_t^{\mathrm{d}} \end{cases} \tag{10-10}$$

式中，$\Delta g_t^{\mathrm{u}}$、$\Delta g_t^{\mathrm{d}}$ 为所有机组在时段 $t$ 可提供的上调和下调备用，二者统称为 10.2 节判定条件 $\Delta w < \Delta g$ 和 $\Delta w > \Delta g$ 中的 $\Delta g$，并且考虑负荷的爬坡，将判断条件具体为式 (10-10)；$\Delta w_t^{\mathrm{u}}$、$\Delta w_t^{\mathrm{d}}$ 为时段 $t$ 内风电功率的上、下爬坡率；$\Delta L_t^{\mathrm{u}}$、$\Delta L_t^{\mathrm{d}}$ 为时段 $t$ 内负荷的上、下爬坡率。当所有机组均可调且有充足的调节空间时，我们称 $\Delta g_t$ 为所有机组在时段 $t$ 内的最大爬坡率。若机组最大爬坡率大于风电功率和负荷爬坡率之和，即满足此约束条件时，可以通过提前协调机组应对风电爬坡。此时，无须使用储能系统，模型中 $P^{\mathrm{B,ch}} = P^{\mathrm{B,dc}}=0$；反之，若不满足此约束条件，则需要进行提前弃风或使用储能系统参与协调调度，即按 10.2 节所述“提前补偿法”和本节所建调度模型进行优化求解。

# 10.4 算 例 分 析

## 10.4.1 风电上爬坡事件调度

为验证本章所提预测方法和调度模型的有效性，采用 IEEE 39 节点系统进行仿真分析，共有 10 台火电机组，参数见文献 [15]。风电场数据为比利时 ELIA 电力运营商公开的运行数据 [16]。储能系统总容量设为 100 MW·h，其他参数见表 10-1。采用 IRMO 算法对调度模型求解，其运行平台和参数设置与 6.4 节相同。

**表 10-1 储能系统参数**

| $E^{\mathrm{B,max}}$ | $E^{\mathrm{B,min}}$ | $P^{\mathrm{B,max}}$ | $\eta^{\mathrm{B,ch}}$ | $\eta^{\mathrm{B,dc}}$ | $k^{\mathrm{B}}$ |
|---|---|---|---|---|---|
| 95 MW·h | 5 MW·h | 25 MW | 0.9 | 0.9 | 50 美元/MW |

根据文献 [14] 将风电爬坡事件的阈值 $w^{\mathrm{threshold}}$ 设定为 15 min 内变化量为装机容量的 10%，在 2014 年 6 月 1 日 ~2015 年 5 月 31 日一年内的风电功率数据中选取风电爬坡事件样本进行预测和调度，并按照装机容量 500 MW 进行归一化折算。取 VMD-LSTM 神经网络得到的多步预测结果，即预测未来 4 h 内的风电功率。调度总时段 $T$=16，单时段持续时间 $\Delta t$=15 min，调度周期为 4 h。为促进风电消纳，尽量避免切负荷，设置单位功率弃风成本系数 $k^{\mathrm{WC}}$=100 美元/MW，单位功率切负荷成本系数 $k^{\mathrm{LS}}$=200 美元/MW。

以 2014 年 10 月 4 日 4:00~8:00 发生的风电上爬坡事件为例。图 10-4 左纵轴为分别采用 BP 神经网络和 VMD-LSTM 神经网络预测所得的风电功率预测值曲线和实际值曲线，右纵轴为负荷曲线。

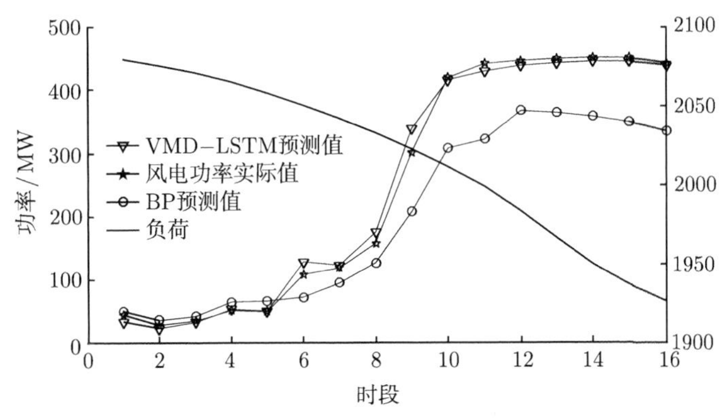


图 10-4 上爬坡事件 BP 和 VMD-LSTM 神经网络风电功率预测值、实际值和负荷曲线

由图 10-4 预测结果可见，BP 神经网络所得预测值在 $t$=6 时刻开始误差明显增大，说明其对多步预测，特别是发生风电爬坡事件时的预测误差较大，其 16 个

时段的 MAPE 为 23.41%，超出了规定指标。与此相比，VMD-LSTM 网络所得结果在大多数时段误差均小于 BP 神经网络，更接近实际值，其 16 个时段的 MAPE 为 3.68%，比前者降低了 19.73%，能实现风电爬坡事件的多步准确预测。

为说明本章所提调节方法和调度模型的有效性，本例暂不考虑预测误差，按图 10-4 中 VMD-LSTM 网络得到的预测值和负荷曲线进行分析和调度。可见，风电功率在 $t$=5 时刻发生上爬坡事件，而负荷发生下爬坡，出现了极端情景。由式 (10-8) 和式 (10-10)，通过提前调节能使所有机组在 15 min 内可提供的最大备用为 127.5 MW，而在 $t$=[8, 9] 的 15 min 内风电功率和负荷的爬坡功率之和达到 163.8 MW，超出机组可用备用 36.3 MW。此时，需采取 10.2 节所述的三种调节方式。弃风调节法和补偿弃风法的调节过程如图 10-5 (a) 所示，本章提出的提前补偿法的调节过程如图 10-5 (b) 所示 (只画出有调节的附近几个时段)。

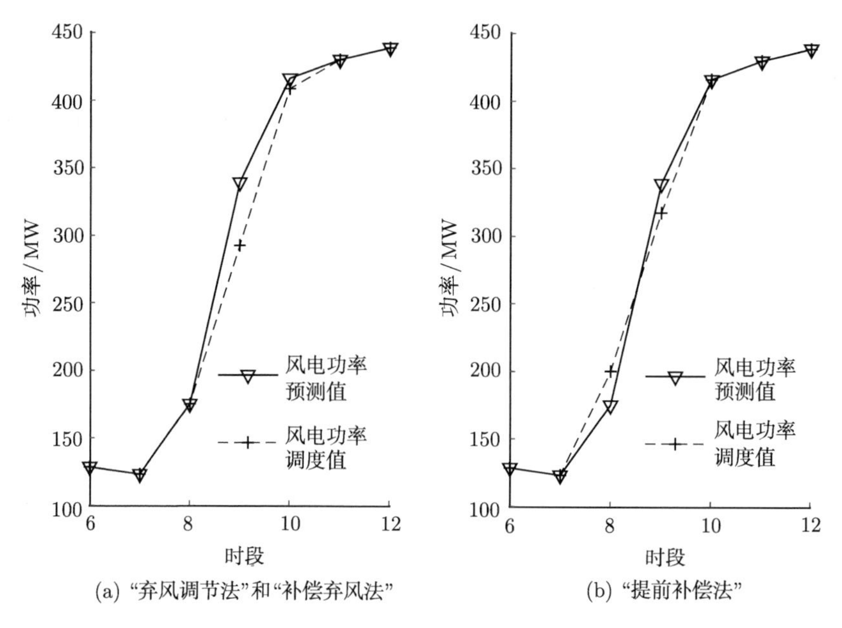


(a) “弃风调节法”和“补偿弃风法”　　(b) “提前补偿法”

图 10-5　三种调节方法的风电功率实际调度曲线比较

图 10-5 (a) 所示为总弃风功率最小的调节策略。可见，弃风调节法需在 $t$=9 时刻和 $t$=10 时刻分别弃风 46.6 MW 和 7.6 MW 才能满足机组的爬坡能力范围，共造成 54.2 MW 的弃风。若采用补偿弃风法，利用储能平抑弃风，则需单时段充电功率最少为 46.6 MW，在本例设置储能约束下，储能在 $t$=9 时刻最多可充电 25 MW，造成弃风功率 21.6 MW。若要避免弃风，需配置更大输出功率和容量的储能系统才能满足需要，根据文献 [17]，储能配置成本会显著增加。且若出现连续的风电上爬坡，储能系统将一直处于充电状态，易造成过度充电，影响储能系统寿

命。相比之下，采用如图 10-5(b) 所示的提前补偿法，提前 1 个时刻进行调节，使储能系统在 $t$=8 时刻放电 25.0 MW，在 $t$=9 时刻充电 21.6 MW，降低风电功率的爬坡速率；同时，使机组在其爬坡能力范围内提前开始提供下爬坡备用，降低出力，接纳风电。利用火/储协调调度，使整个调度过程的弃风总功率降至 0。在调节过程中，储能的单时段放电功率最大为 25.0 MW，所设容量为 100 MW 的储能系统满足要求。同时，对储能输出功率的需求由 54.2 MW 降低至 46.6 MW，降低了 14%。可见，提前补偿法不仅避免了弃风，且对储能输出功率和配置容量的需求降低，从而节省了储能配置和运行成本。

三种调节方法的调度成本比较如表 10-2 所示。

**表 10-2 三种调节方法的调度成本、弃风量比较**

| 调节方法 | 煤耗成本/美元 | 储能成本/美元 | 弃风成本/美元 | 弃风量/MW | 总成本/美元 |
|---|---|---|---|---|---|
| 弃风调节法 | 413979.1 | 0.0 | 5420.0 | 542.0 | 419399.1 |
| 补偿弃风法 | 413979.1 | 1630.0 | 2160.0 | 216.0 | 417769.1 |
| 提前补偿法 | 413051.3 | 2330.0 | 0.0 | 0.0 | 415381.3 |

由表 10-2 可见，提前补偿法所需总成本在三种方法中是最低的，在本例的风电爬坡事件下，能够在保证不切负荷、不弃风的情况下实现最经济的调度计划。

### 10.4.2 风电下爬坡事件调度

为说明 VMD-LSTM 神经网络多步预测方法在爬坡调度中的指导意义，本例考虑预测误差，以 2015 年 5 月 18 日 19:00~23:00 发生的风电下爬坡事件为例。图 10-6 左纵轴为分别采用 GR 神经网络和 VMD-LSTM 神经网络预测所得的风电功率预测值曲线和实际值曲线，右纵轴为负荷曲线，对两种方法得到的预测值分别调度和分析。

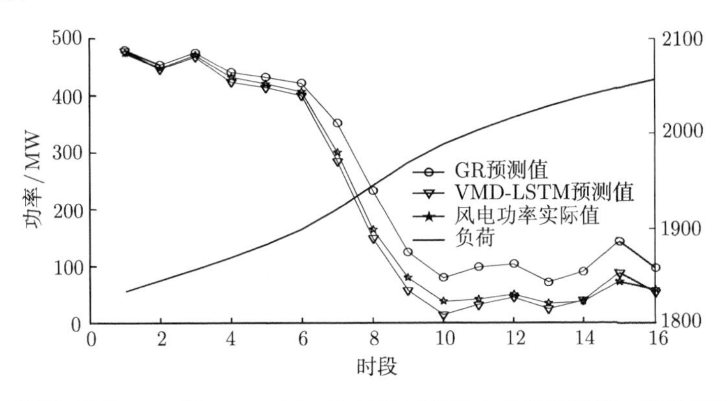


图 10-6 下爬坡事件 GR 和 VMD-LSTM 神经网络风电功率预测值、实际值和负荷曲线

由图 10-6 可见，GR 神经网络在前 2 个时刻预测较准确，而在第 3~16 时刻误

差逐渐增大，说明 GR 网络在进行多步预测时预测精度明显下降，其 16 个时段的 NRMSE 为 19.03%。与此相比，VMD-LSTM 神经网络所得结果在大部分时段预测误差均小于 GR 神经网络，更接近实际值曲线，其 16 个时段的 NRMSE 为 5.31%，比前者降低了 13.72%，能够实现更长时间的准确预测。

如图 10-6 所示，风电功率在 $t$=6 时刻发生急剧下爬坡事件，此时负荷处于上爬坡状态，出现了极端情景。利用火/储系统、采用提前补偿法分别对两种预测方法得到的风电爬坡预测值进行爬坡调节，并将优化前风电功率的实际值与优化后风电功率的调度值进行比较，如图 10-7 所示。

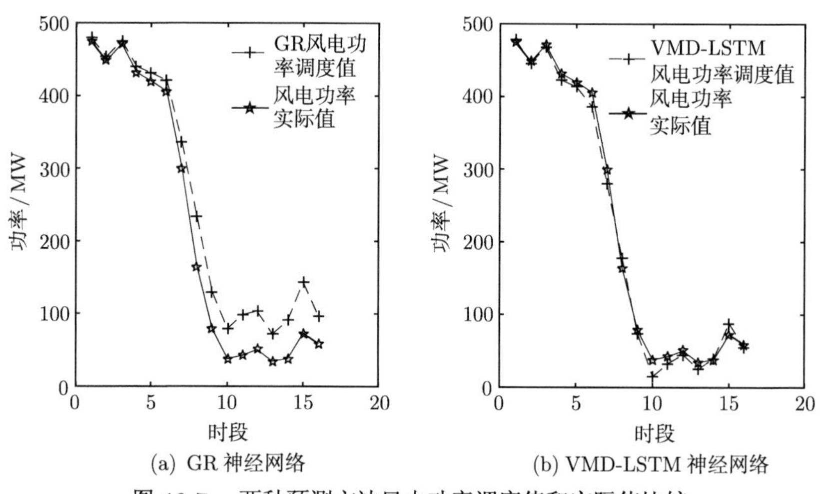


图 10-7　两种预测方法风电功率调度值和实际值比较

由图 10-7(a) 可见，由于 GR 神经网络对爬坡时段的风电功率预测误差较大，若按此预测值制定调度计划，会致使大部分时段的调度计划很大程度偏离实际值，从而使火/储系统提前调节的功率不足。若得不到及时的修正，会在 4 h 的调度周期内共造成 554.7 MW 的切负荷和 20.4 MW 的弃风，给电力系统的安全供电带来严重影响。若 GR 神经网络的预测值与实际值相比不是偏大而是偏小同等的误差，则会使火/储系统调节过度，还会造成 554.7 MW 的弃风，造成能源的浪费和电力系统运行经济性的严重下降。与此相比，由图 10-7(b) 可见，由于 VMD-LSTM 神经网络能够保证较长时段预测的准确性，从而预知爬坡事件的持续时间和幅值变化，为提前制定调整计划提供了很大的依据。在 4 h 调度周期内的总切负荷量为 35.6 MW，比前者降低了 519.1 MW，降低了 93.6%。根据两种预测方法进行调度的成本比较如表 10-3 所示。

由表 10-3 可见，根据 VMD-LSTM 神经网络进行调度时，由于避免了大规模的切负荷风险，总成本比 GR 神经网络调度降低了 14.9%。说明根据 VMD-LSTM 对风电爬坡事件的准确预测，火/储系统能够提前制定更准确的调节策略，应对风电爬坡事件。

**表 10-3 两种预测方法的调度成本比较** (单位：美元)

| 预测方法 | 煤耗成本 | 储能成本 | 弃风成本 | 切负荷成本 | 总成本 |
|---|---|---|---|---|---|
| GR | 390001.4 | 1020.0 | 2040.0 | 110940.0 | 504001.4 |
| VMD-LSTM | 407058.2 | 3130.0 | 11800.0 | 7120.0 | 429108.2 |

## 10.5 本 章 小 结

本章提出了一种应对风电爬坡事件的火/储协调策略和调度模型，通过提前协调火电机组，使其在爬坡时有充足的可调备用容量，并利用储能系统提前补偿，将风电爬坡速率降低至机组爬坡速率以下，促进风电爬坡情景下的风电消纳，保障系统安全运行，同时可降低对储能功率和容量的需求，节省成本。算例分析验证了预测方法、协调策略和调度模型的有效性 [18]。

## 参 考 文 献

[1] Ortega-Vazquez M A, Kirschen D S. Estimating the spinning reserve requirements in systems with significant wind power generation penetration. IEEE Transactions on Power Systems, 2009, 24(1): 114-124.

[2] Wang Z W, Chen S, Liu F. A conditional model of wind power forecast errors and its application in scenario generation. Applied Energy, 2018, 212: 771-785.

[3] Peng X, Jirutitijaroen P, Singh C. A distributionally robust optimization model for unit commitment considering uncertain wind power generation. IEEE Transactions on Power Systems, 2017, 32(1): 39-49.

[4] Wang Q F, Yong G P, Wang J H. A chance-constrained two-stage stochastic program for unit commitment with uncertain wind power output. IEEE Transactions on Power Systems, 2012, 27(1): 206-215.

[5] 马燕峰, 陈磊, 李鑫, 等. 基于机会约束混合整数规划的风火协调滚动调度. 电力系统自动化, 2018, 42(5): 127-132, 175.

[6] 马欢, 刘玉田. 基于 IGDT 鲁棒模型的风电爬坡事件协调调度决策. 中国电机工程学报, 2016, 36(17): 4580-4589.

[7] 艾小猛, 韩杏宁, 文劲宇, 等. 考虑风电爬坡事件的鲁棒机组组合. 电工技术学报, 2015, 30(24): 188-195.

[8] Yong Z Q, Liu Y T, Wu Q W. Non-cooperative regulation coordination based on game theory for wind farm clusters during ramping events. Energy, 2017, 132: 136-146.

[9] Yong Z Q, Liu Y T. Wind power ramping control using competitive game. IEEE Transactions on Sustainable Energy, 2016, 7(4): 1516-1524.

[10] Yu Z G, Jiang Q Y, Baldick R. Ramp event forecast based wind power ramp control with energy storage system. IEEE Transactions on Power Systems, 2016, 31(3): 1831-1844.

[11] Wang S Y, Yu D R, Yu J L. A coordinated dispatching strategy for wind power rapid ramp events in power systems with high wind power penetration. International Journal of Electrical Power and Energy Systems, 2015, 64: 986-995.

[12] 张东英, 代悦, 张旭, 等. 风电爬坡事件研究综述及展望. 电网技术, 2018, 42(6): 1783-1792.

[13] 欧阳庭辉, 查晓明, 秦亮, 等. 风电功率爬坡事件预测时间窗选取建模. 中国电机工程学报, 2015, 35(13): 3204-3210.

[14] 国家能源局. 风电场功率预测预报管理暂行办法. 太阳能, 2011, (14): 6-7.

[15] Basu M. Dynamic economic emission dispatch using nondominated sorting genetic algorithm-II. International Journal of Electrical Power and Energy Systems, 2007, 30(2): 140-149.

[16] Elia. Wind power generation data. http://www.elia.be/en/grid-data/power-generation/wind-power, [2020-06-06].

[17] 王思渊, 江全元, 葛延峰. 考虑风电爬坡事件的储能配置. 电网技术, 2018, 42(4): 1093-1101.

[18] Han L, Zhang R C, Chen K. A coordinated dispatch method for energy storage power system considering wind power ramp event. Applied Soft Computing Journal, 2019, 84: 105732.